"十四五"高等职业教育新形态一体化系列教材

信息技术（基础模块）

李　岚　曹　雁　肖智兵◎主　编

付金灵　纪辉进　龚雄涛◎副主编

中国铁道出版社有限公司

CHINA RAILWAY PUBLISHING HOUSE CO., LTD.

内 容 简 介

本书以学生为中心，注重实践能力培养，全面、系统地介绍信息技术的基础知识及基本操作。本书内容精练，通俗易懂，既便于教学，又适合自学。每一个模块的设置均以全国计算机等级考试一级WPS Office 考试内容为依据，同时又各有侧重地训练学生的操作能力。

本书以《高等职业教育专科信息技术课程标准（2021 年版）》为参考，采用模块化的编写方法，共八个模块，每个模块下包含若干任务，分别讲解 WPS 文字处理软件及应用、WPS 电子表格处理软件及应用、WPS 演示文稿制作及应用、信息技术基础、Windows 10 操作系统的使用、信息检索、新一代信息技术概述、信息素养与社会责任等内容。各模块采用任务驱动的讲解方式，锻炼学生信息技术操作能力，培养学生的信息素养。按照"任务描述→知识链接→任务实施"的能力训练模式，让学生明白"是什么、如何做、怎么用"；每个模块最后安排了课后习题，以便学生对所学知识进行练习和巩固。

本书适合作为高职高专院校计算机基础课程的教材，也可作为计算机培训班教材或相关行业人员自学信息技术的参考书。

图书在版编目（CIP）数据

信息技术：基础模块 / 李岚，曹雁，肖智兵主编 . —北京：中国铁道出版社有限公司，2023.1

"十四五"高等职业教育新形态一体化系列教材

ISBN 978-7-113-25941-9

Ⅰ.①信… Ⅱ.①李… ②曹… ③肖… Ⅲ.①电子计算机 - 高等职业教育 - 教材 Ⅳ.① TP3

中国版本图书馆 CIP 数据核字（2023）第 010566 号

书　　名：信息技术（基础模块）
作　　者：李　岚　曹　雁　肖智兵

策　　划：徐海英　　　　　　　　　　　编辑部电话：（010）63551006
责任编辑：王春霞　　徐盼欣
封面设计：付　巍
封面制作：刘　颖
责任校对：苗　丹
责任印制：樊启鹏

出版发行：中国铁道出版社有限公司（100054，北京市西城区右安门西街 8 号）
网　　址：http://www.tdpress.com/51eds/
印　　刷：三河市国英印务有限公司
版　　次：2023 年 1 月第 1 版　　2023 年 1 月第 1 次印刷
开　　本：850 mm×1168 mm　1/16　印张：12.75　字数：332 千
书　　号：ISBN 978-7-113-25941-9
定　　价：39.80 元

前　言

随着社会的发展和科学技术的进步，计算机技术逐渐由专业化逐步进入日常工作和生产及学习中，而以计算机技术为基础的信息时代也已经到来，并以其独有的生命力和发展性特点成为信息时代和数字时代的主角，发挥着日趋重要的作用。因此，了解信息技术，能够用计算机进行信息处理已成为每位大学生必备的能力。

本书以"夯实基础、面向应用、培养创新"为目标，以培养应用能力为主线，采用通俗易懂的语言介绍信息技术的基础知识和应用方法，为学生学习后续计算机相关课程及各专业所需计算机基本操作技能奠定一定的基础。

本书内容

按照《高等职业教育专科信息技术课程标准（2021 年版）》的要求，采用模块化任务驱动的讲解方式引导学生学习，主要包括以下八部分内容。

模块一 WPS 文字处理软件及应用。该模块通过创建"大学生学习规划"、编辑"学生基本信息表"、撰写以"计算机的发展趋势"为题的毕业论文、制作"美丽的孝感"宣传海报等任务，详细介绍如何使用 WPS 编辑文档、制作表格、设置字符与段落格式、插入图片、设置页面样式等相关知识。

模块二 WPS 电子表格处理软件及应用。该模块通过创建"学生课程成绩表"、计算"学生课程成绩表"中学生的总分和平均分、为"学生课程成绩表"创建数据簇状柱形图、对"学生课程成绩表"进行数据管理与分析等任务，详细介绍在 WPS 中创建工作簿、编辑工作表、设置单元格、输入与编辑数据、使用公式和函数管理表格数据、使用图表对数据进行管理分析等内容。

模块三 WPS 演示文稿制作及应用。该模块以"大学生创新创业项目计划书"为载体，通过创建演示文稿、制作演示文稿的动态效果、设置演示文稿的自定义放映等任务，具体介绍演示文稿的创建、编辑、动画制作及放映设置，并通过"大学生职业生涯规划"演示文稿，使用幻灯片母版为所有幻灯片插入图标和标题。

模块四 信息技术基础。该模块通过学习信息技术发展史、计算机的组成，了解信息技术的发展过程，激发学生学习兴趣。

模块五 Windows 10 操作系统的使用。该模块通过介绍 Windows 10 操作系统的基本操作，

帮助学生熟练操作计算机。

模块六 信息检索。通过认识信息检索、使用搜索引擎、专用平台的信息检索等任务，详细介绍信息检索的概念、分类、发展历程，以及不同搜索引擎的类型与使用方法。

模块七 新一代信息技术概述。通过了解新一代信息技术等任务，详细介绍信息技术的发展历程，树立正确的职业理念、信息安全与社会责任等。

模块八 信息素养与社会责任。学习信息素养的相关知识，了解信息安全与社会责任，理解计算机病毒的特征、类型、传播途径以及危害，重视个人信息安全，加强自身防护信息安全与社会责任。

本书特色

本书在教学内容设计方面具有以下特色：

（1）教材内容选取和编排合理、科学，重点、难点分布恰当。按照《高等职业教育专科信息技术课程标准（2021年版）》的要求，以全面贯彻党的教育方针，落实立德树人为根本任务，运用理论与实践一体化的教学模式，提升学生用信息技术解决问题的综合能力，使学生成为德、智、体、美、劳全面发展的高素质技能人才。

（2）教材活动设计与选材贴近生活，实用性强。按照"任务描述→知识链接→任务实施"的结构组织教学。每个模块安排了多个任务，让学生可以在情景式教学环境下，明确自己的学习目标，更好地将知识融入实际操作和应用当中。

（3）教学内容条理清晰，由浅入深，可操作性强。各模块的任务有序衔接，较好地处理了知识间的联系。

（4）强调技术素养与文化素养的双重构建，适时地对学生进行思想政治教育，帮助学生更好地树立正确的价值观。

本书由湖北职业技术学院李岚、曹雁、肖智兵任主编，由付金灵、纪辉进、龚雄涛任副主编。具体编写分工如下：李岚编写模块七、模块八并负责全书的统稿定稿工作，纪辉进编写模块四和模块六，肖智兵编写模块二和模块五，曹雁编写模块一，付金灵编写模块三。龚雄涛为本书提供了部分案例和图片。在本书的编写过程中，得到了湖北职业技术学院胡昌杰教授的大力帮助和指导，在此表示衷心的感谢。

由于编者水平有限，书中难免存在不足和疏漏之处，欢迎广大读者批评指正。

编　者

2022 年 10 月

目 录

模块一

WPS 文字处理软件及应用

办公领域是计算机应用最广泛的领域之一，为了实现办公自动化，我国金山办公软件有限公司专门开发了 WPS 办公软件。该办公软件是套装软件，有若干组件，其中的 WPS 文字处理软件是其重要组件。其功能包含文档的基本编辑、图片和表格处理、样式与模板的创建和使用、多人协同编辑文档等。这些功能被广泛应用于人们日常生活、学习和工作的方方面面。例如，在生活中，可以利用文档制订生活计划；在学习中，可以利用文档编写学习笔记；毕业时，可以利用文档制作个人简历；工作后，更需要利用文档来处理工作中的相关事宜。

本模块学习目标

知识目标：

掌握 WPS 文字处理软件各种基本操作，如文档操作、文本操作、格式设置、各种对象的插入与编辑、页面设置等基本操作。

能力目标：

能利用 WPS 文字处理软件制作和编辑各种各样的文档。

素质目标：

具备正确的学习态度，对未来职业有长远规划，并养成高效编辑文档的好习惯。

任务一 文本型文档的处理

任务描述

同学们，精彩的大学生活即将拉开序幕啦！欢迎你们！

大学生活如何有意义地度过呢？凡事预则立、不预则废！制定大学生学习生活规划必不可少。

下面，我们就一起学习如何使用 WPS 文字处理软件来制作一份精美的"我的大学规划"文档吧!

效果样式如图 1-1 所示。

制作要求：

（1）文档命名为"我的大学规划"。

（2）文档标题文字设置为楷体、二号、红色、居中，并添加双下划线。

（3）正文中的"规划"设置为加着重号的蓝色文字，正文设置为宋体、小四。

（4）第一、三、五、七段首行缩进 0.85 厘米，第二、四、六段悬挂缩进 0.85 厘米，各段段前段后 0.5 行，行距固定值 20 磅。

（5）第三段分栏，栏间距 2.1 字符，加分隔线。

（6）整个文档设置成 A4 纸，纸张方向为纵向，上下左右页边距均为 2.2 厘米。

（7）页眉插入"我的大学规划"文字，在页脚插入"-1-"格式的页码。

图 1-1　任务一效果样式

知识链接

（一）WPS 文字处理软件的启动

选择"开始"→"所有程序"→"WPS Office"或双击桌面 WPS Office 快捷图标即可启动WPS 软件。选择"新建文字"→"新建空白文字"（见图 1-2），即可打开 WPS 文字处理软件。

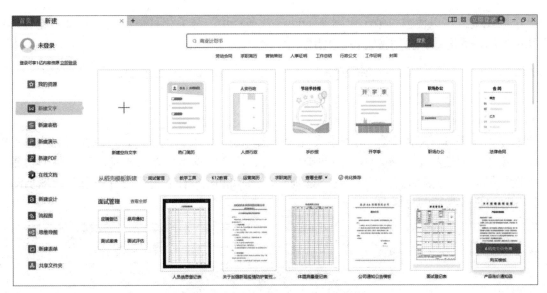

图 1-2　打开 WPS 文字处理软件

（二）WPS 文字处理软件的工作界面

启动后的 WPS 文字处理软件界面如图 1-3 所示，其由标题栏、选项卡与功能区、编辑区、状态栏等组成。

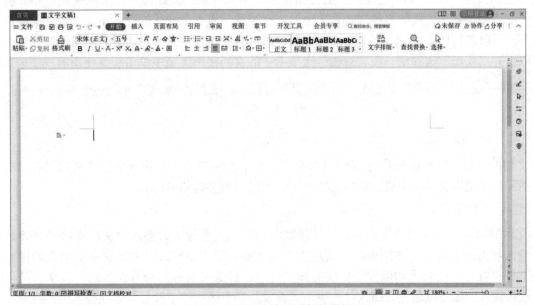

图 1-3　WPS 文字处理软件界面

1. 标题栏

标题栏（见图 1-4）位于界面顶端，用于显示当前正在打开的文档名称，其左端是首页，用户可以管理所有文档文件夹，包括最近打开的文档、电脑上的文档、云文档和回收站等。右端是登录口和窗口控制按钮，包含最小化、最大化、关闭。登录功能可以将文档保存在云端，支持多种登录方式。最小化按钮可以使窗口最小化到 Windows 任务栏中，最大化按钮可以让窗口布满 Windows 系统任务栏以外的区域，关闭按钮表示退出。

图 1-4　标题栏

2. 选项卡与功能区

选项卡与功能区（见图 1-5）的左侧有几个小图标是"快速访问栏"，可以使用它快速编辑文本。在单击不同的选项卡，会显示不同的操作工具。每个选项卡包含若干功能区，每个功能区包含若干选项组，每个选项组包含若干功能选项。部分功能区的右下角处还有一个对话框启动器，用于打开存放更多功能的对话框。

图 1-5　选项卡与功能区

3. 编辑区

在编辑区进行文字的输入、编辑、格式化和排版等操作。

4. 状态栏

状态栏（见图 1-6）包含页码、字数统计和语言等信息，以及视图显示方式、显示比例和缩放滑块等控制按钮。WPS 文字处理软件的视图提供了页面视图、大纲视图、阅读版式、Web 版式视图、大纲视图和写作模式等多种模式，其中"页面视图"模式是默认的视图模式，在"页面视图"模式下，可以进行所有操作。不同的视图可利用窗口右下角自定义状态栏上的视图切换按钮选择，也可以打开"视图"选项卡，在"视图"选项卡中的文档视图区域中单击想要使用的视图模式。

图 1-6　状态栏

（三）文档的创建

文档的创建可以通过先启动 WPS 文字处理软件，然后在打开的窗口中建立新的空白文档、模板文档和打开现有文档等完成。空白文档也可以通过右键快捷菜单建立。

（四）文本的输入

文本的输入一般没有特别的要求，要注意的是标点符号输入时要求中文标点符号必须是中文标点输入状态下输入，英文标点符号则是英文标点输入状态下输入，中文文本中出现的标点一般是中文标点符号，而公式和函数中出现的标点符号一般是英文标点符号。另外，特殊字符可以由键盘直接输入，也可以通过"插入"选项卡"符号"功能区中的"符号"选项插入所需符号。

（五）文本的编辑

文本的编辑主要包括对文本的选定、修改、删除、移动、复制、查找和替换等。

1. 选定文本

选定文本最常用的方法是：按住鼠标左键拖过欲选定的文本；或在欲选定文本的首部（或尾部）单击，然后按住【Shift】键，再在欲选定文本的尾部（或首部）单击。被选中的文本呈反相显示（黑底白字），此方法可选定任意长度的文本。在文档任意位置单击则可取消选定文本。

除了上述选定文本的方法外，还可根据不同情形采用不同的选定方法：选定一个词，双击可选定一个默认的词；选定一句，按住【Ctrl】键，在句中任意位置单击；选定一行，将鼠标指针移到段落左侧的文本选定栏，此时鼠标指针变为向右的箭头，然后单击则选中鼠标所指向的行，按住鼠标左键垂直方向拖动可选定多行；选定一段，在段中任意位置三击鼠标左键，或在文本选定栏中，指向欲选定的段，双击；选定不连续的文本，先选定第一个文本区域，然后按住【Ctrl】键，再选定其他的文本区域；选定垂直矩形文本，按住【Alt】键，同时按住鼠标左键拖过欲选定的文本区域；选定整个文档，选择"编辑"→"全选"命令；或按住【Ctrl】键，然后在文本选定栏中单击，或在文本选定栏中三击鼠标左键。

2. 修改和删除文本

选定文本后，此时输入新文本便可完成对选定文本的修改，或先将选定文本删除，然后再输入新文本。

删除选定文本常用的方法：选择要删除的文本内容，按【Delete】键或【Backspace】键，其中【Backspace】键可删除光标前的一个字符，而【Delete】键可删除光标后的一个字符。

3. 文本的移动和复制

文本移动是把一段文本从一个位置移动到另一个位置，文本复制是将文本的备份移动到某个位置。移动和复制常用的方法有命令法和鼠标法，命令法是用"剪切"按钮 ✄（或"复制"按钮 ▣），选定的文本内容被送到剪贴板，将光标移到指定位置，然后单击该功能区中的"粘贴"按钮 ▤，选定的文本内容从剪贴板移动（或复制）到新位置上。鼠标法是选择要移动（或复制）的文本内容，按住鼠标左键（或同时按住【Ctrl】键），即可将反相显示的文本内容移动（或复制）到新位置。

4. 文本的查找和替换

文本的"查找和替换"是文档编辑中一个很实用的功能，利用它可以在一篇文档中快速地查找和替换文本内容（或文本格式）。在执行大型文档的编辑时，更能体现其快速的操作效率。

"查找和替换"的使用方法是单击"开始"选项卡中的"查找和替换"，弹出如图 1-7 所示的"查找和替换"对话框。

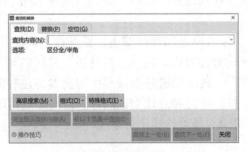

图 1-7　"查找和替换"对话框

在"查找内容"文本框中输入要查找的文本，然后单击"查找下一处"按钮，文档中相应的文字会自动高亮显示，再次单击"查找下一处"按钮，可以继续查找，到达文档的最后位置，会提示是否返回开始处搜索，单击"是"按钮可以继续搜索。如果想一次查看文档中这些文字，可在"查找和替换"对话框中输入要查找的内容后单击"突出显示查找内容"按钮，然后单击"全部突出显示"选项，或者单击"取消"按钮结束查找返回文档。如果要替换查找到的文本内容，可选择"查找和替换"对话框中的"替换"选项卡（见图1-8），在"替换为"文本框中输入新文本内容，然后单击"替换"按钮，在此情况下系统每找到一处，需要用户确认替换，再查找下一处。如果单击"全部替换"按钮，则自动替换全部需替换的内容。

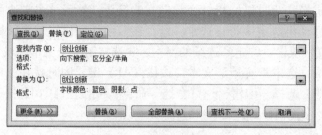

图1-8　"替换"选项卡

此外，也可以查找和替换文本格式。单击"查找和替换"对话框底部的"更多"选项按钮，在展开的对话框中，先将鼠标指针定位于"替换为"文本框中，然后选择"格式"按钮设置相关替换格式，即可替换文本格式。

 小技巧

可以按【Ctrl+F】组合键打开"查找和替换"对话框。

（六）文档的排版

文档的排版就是文档的格式化，可以使文档格式美观、规范、便于阅读。文档格式化包括设置文字格式、设置段落格式、页面设置等。这些操作大多数可以通过"开始"选项卡中的"字体"组或"段落"组中的按钮实现。

1. 文字格式化

文字格式设置就是对文档中不同文本设置不同的字体格式。一般文档的标题、小标题和正文的文字格式要求不同，需要分别对它们进行格式设置。文字格式的设置主要包括字体、字号、字形、字间距、颜色和效果设置。文字格式设置一般在"开始"选项卡的"字体"组中进行。

2. 段落格式化

段落格式包括对齐方式、左右缩进和首行缩进、段前段后间距和行间距等，其中，段落对齐是指段落内容相对于文本边缘的对齐方式，包括"左对齐""居中""右对齐""两端对齐""分散对齐"，默认是"两端对齐"。段落缩进是指段落中的文本与左右页边距的距离，包括段落缩进方式有左侧缩进、右侧缩进、首行缩进和悬挂缩进四种。行间距是指段落中行与行之间的距离，而段落间距是指相邻段落之间的距离。段落格式化可通过"开始"选项卡打开"段落"对话框进行设置。

3. 页面设置

页面设置主要包括设置纸张大小、页边距、分栏和版式等。通过选择"布局"选项卡的"页面设置"组中的按钮命令，即可进行页面设置。

任务实施

1. 文档命名为"我的大学规划"

启动WPS文字处理软件：选择"开始"→"所有程序"→"WPS Office"→"新建空白文档"。

　　将该文档另存为"我的大学规划"文档：在打开的 WPS 文字处理软件窗口中，选择"文件"→"另存为"→"这台电脑"选项，在弹出的对话框中，将文件命名为"我的大学规划"。

　　插入"我的大学规划"文档：选择"插入"→"对象"→"文件中的文字…"，弹出"插入文件"对话框，如图 1-9 所示。找到预先准备好的"我的大学规划"文档，双击该文档，即可将文本插入到目标文档中。

图 1-9　外部文件内容引入

视 频

模块一　制作"我的大学规划"文档（1）

视 频

模块一　制作"我的大学规划"文档（2）

2. 文档的标题设置

　　选择标题"我的大学规划"，然后单击"开始"选项卡，在"字体"组中单击如图 1-10 所示的对话框启动器，打开"字体"对话框，如图 1-11 所示。

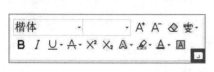

图 1-10　"字体"组

图 1-11　"字体"对话框

在"中文字体"下拉列表框中选择"楷体"，在"字号"下拉列表框中设置字号为"二号"，在"字体颜色"下拉列表框中设置字体颜色为"红色"，设置居中对齐，在"下划线线型"下拉列表框中选择"双下划线"。标题文字设置后的效果如图1-12所示。

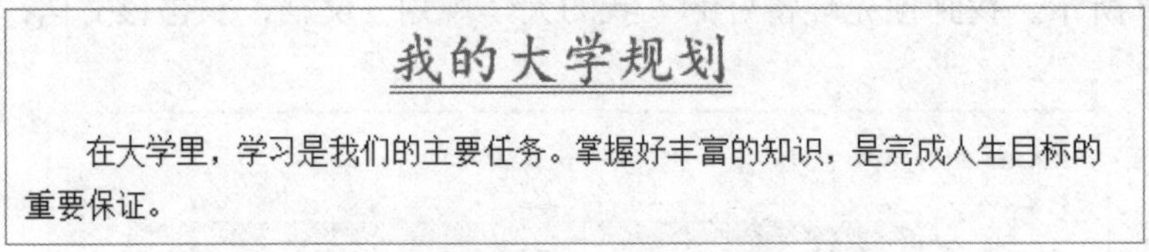

我的大学规划

在大学里，学习是我们的主要任务。掌握好丰富的知识，是完成人生目标的重要保证。

图1-12　标题设置效果

3. 文档的正文字体设置

选择文档正文，然后单击"开始"选项卡，打开"字体"对话框，设置"中文字体"为"宋体"，"字号"为"小四"。

按【Ctrl+F】组合键，打开"查找和替换"对话框，选中"替换"选项卡，如图1-13所示。在"查找内容"文本框中输入"规划"，在"替换为"文本框中输入"规划"，同时选中"格式"下拉列表的"字体"，在"查找字体"对话框（见图1-14）中将"字体颜色"设置为蓝色，选择"着重号"，单击"确定"按钮，然后单击"全部替换"按钮。

正文字体设置效果如图1-15所示。

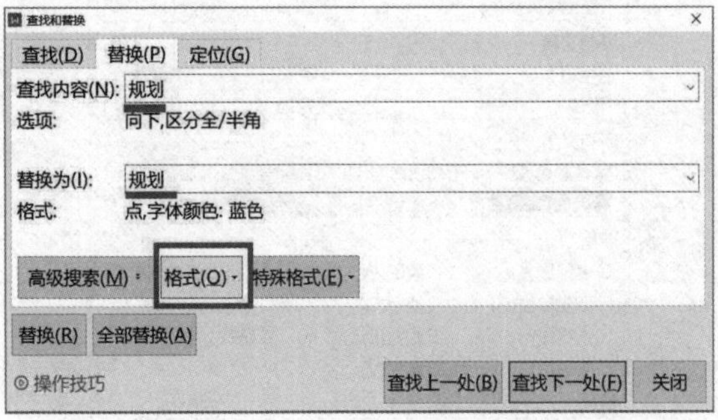

图1-13　"替换"选项卡　　　　　图1-14　"查找字体"对话框

我的大学规划

在大学里，学习是我们的主要任务。掌握好丰富的知识，是完成人生目标的重要保证。

我的学习规划是：1.熟练掌握英语，通过英语四级考试。2.学习自动化办公软件；制作网页，网上查找信息等方面达到中等以上水平；学习应用 PS 软件。3.在专业方面，学习广告学、营销学、传播学、统计学等学科，并学习摄影，美术方面知识，并通过社会实践加深对专业的认识和应用。4.至少拿到一次 2 等以上的奖学金。5.充分利用图书馆资源和网络信息，阅读有益身心的书籍，扩大自己的知识面。

生活规划：1.科学理财，把钱花在该花的地方上。每月计划伙食费 500，手机费 100，其他消费 200 元。2.健康饮食，经常锻炼。 3.合理安排时间，保证学习工作效率的同时，也保证休息.时间的充足。4.大一暑假寻找家教工作，大二暑假自己寻找实习机会。5.找到一份适合自己的义工，并坚持做下去。

图 1-15　正文字体设置效果

小技巧

替换的格式一定要出现在"替换为"的下方。如果替换的格式出现在"查找内容"下方，则单击"不限定格式"按钮把格式去掉，再把光标放到"替换为"处重新设置一次格式。

4. 第一、三、五、七段首行缩进 0.85 厘米设置

选定文档第一、三、五、七段，然后单击"开始"选项卡"段落"组中的对话框启动器，在打开的"段落"对话框中的"缩进和间距"选项卡中，在"特殊格式"下拉列表框中选择"首行缩进"，并在"度量值"框中输入"0.85"，选择单位"厘米"，如图 1-16 所示。用同样的方法设置第二、四、六段。

图 1-16　首行缩进设置

选定各段，在"段落"对话框中的"缩进和间距"选项卡中，设置"段前"为 0.5 行，"段后"为 0.5 行，"行距"选择"固定值"，设置值为 20 磅，如图 1-17 所示。

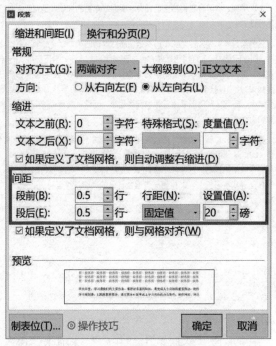

图 1-17　段落间距设置

5. 第三段分栏，栏间距 2.1 字符，加分隔线

在"页面设置"组中单击"分栏"按钮，在弹出的下拉列表中选择"更多分栏"命令。在弹出的"分栏"对话框中，选中"两栏"，勾选"分隔线"，将"间距"设置为 2.1 字符，如图 1-18 所示。

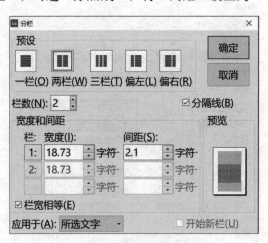

图 1-18　段落分栏设置

6. 页面设置为 A4，上下左右页边距均为 2.2 厘米

选择"页面布局"中的"纸张大小"，选择"A4"。打开"页面设置"对话框，选择"页边距"选项卡，如图 1-19 所示，设置页边距。

7. 页眉插入"大学生活规划"文字，在页脚插入"–1–"格式的页码设置

选择"插入"，在"页眉和页脚"选项卡中，在页眉中的标题部分输入"大学生活规划"，然后单击"设计"选项卡"关闭"组中的"关闭页眉和页脚"按钮，关闭页眉编辑状态。

在"插入"选项卡中选择"页码"，在弹出的对话框中选择"-1-"格式页码，如图 1-20 所示。

图 1-19　页面设置

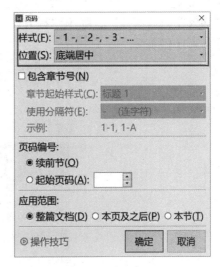

图 1-20　设置页码

任务二　图文型文档的处理

任务描述

通过任务一的学习，相信大家对未来几年的大学生活有了一定的规划。大家制作的文本型"我的大学规划"文档，有没有觉得不够形象、不够生动？如果能够图文并茂，就更好了。

制作要求：

（1）修饰上述任务一的文本型文档，要求第一段首字下沉 2 行。

（2）在第一段插入图片 1.jpg，大小设置为高和宽都是 2.3 厘米，版式为紧密型。在第四段右侧间插入图片 2.jpg，大小设置为高 3 厘米和宽 4.62 厘米，图片版式为紧密型。

（3）在第五段后面添加艺术字，文字内容为"做好规划、贵在落实"，样式为"填充 - 紫色，着色 4，软边缘"，文本效果为"转换→弯曲→波形 1"，大小设置为高 1 厘米和宽 12 厘米，版式为紧密型，旋转 15°。

WPS 文字处理软件不仅用于处理文本型文档，还常用于处理图文型文档，在文档中适当地插入一些图片和艺术字，可以使文档具有更好的可读性，并可以增强文档的表达效果。

（一）插入图片、艺术字和形状

1. 插入来自文件的图片

把计算机中存储的某个图片文件插入到文档中，可以按下面的方法进行操作：光标定位后，选择"插入"→"图片"，弹出"插入图片"对话框，如图 1-21 所示。图片来源有本地图片、网络图片和来自扫描仪。

图 1-21　插入图片

2. 插入艺术字

艺术字是使文档中的某些文字实现艺术效果，以提高文档的观赏效果。在 WPS 文字处理软件中插入艺术字的方法是：光标定位后，选择"插入"→"文本"→"艺术字"，从弹出的下拉列表框中选择一种要使用的艺术字样式。

3. 插入形状

除了在文档中插入图片文件外，WPS 文字处理软件还为用户提供了手动绘制图形的功能，可以插入线条、基本形状、流程图、星与旗帜、标注等自选图形对象，并可通过调整大小、旋转、设置颜色和组合各种图形创建复杂的图形。画圆和正方形时要按住【Shift】键。也可以在画布中绘制图形。在画布中画的多个图形是一个整体，画布到哪里，这些图形就一起到哪里。方法是：光标定位后，选择"插入"→"插图"→"形状"，在弹出的下拉列表框中选择工具，这时鼠标指针变为"＋"形状，按住鼠标左键拖动即可绘制图形。

（二）设置图片和艺术字格式

1. 调整图片和艺术字大小

在文档中插入图片和艺术字后，通常由于图片大小、色彩等的影响，初始显示效果不是很好。

为了满足文档的编辑要求，通常要调整图片的大小以适应要求。方法是：选中图片和艺术字，移动鼠标指针到图片的边缘，当鼠标指针变为双向箭头时，单击并拖动鼠标，即可快速更改图片的大小。要精确调整图片尺寸，可选中图片，单击"图片工具"中的相应按钮，调整图片宽度和高度。

2. 设置图片和艺术字环绕方式

图片和艺术字环绕方式是指文档中图片和艺术字与文字组合的方式，WPS 文字处理软件提供了嵌入型、四周型、紧密型、穿越型、上下型、衬于文字下方、浮于文字上方七种环绕方式供用户选择，默认为"嵌入型"。

设置环绕方式的方法是选中图片或艺术字，选择"图片工具"→"文字环绕"，在下拉列表框中即可设置图片环绕方式。

3. 调整图片和艺术字与文字距离

除设置图片和艺术字环绕方式外，还可以设置图片与文字的距离。方法是：单击要设置环绕方式的图片，在右侧弹出"页面布局"选项区域，单击"布局选项"图标，如图 1-22 所示。再单击"查看更多"按钮，弹出图 1-23 所示对话框。在该对话框中，单击"版式"选项卡的"高级"按钮，会弹出如图 1-24 所示"布局"对话框，在"文字环绕"选项卡中即可设置图片和文字的距离。

图 1-22　布局选项

图 1-23　设置格式

图 1-24　"布局"对话框

任务实施

1. 第一段首字下沉2行

把鼠标指针移动到需要设置首字下沉的段落，单击使光标处于该段落，单击"插入"选项卡，单击"首字下沉"按钮，在弹出的下拉列表中选择"首字下沉"，在弹出的对话框（见图1-25）中选择"下沉"，在"下沉行数"中输入2。

2. 插入及设置图片

（1）插入图片：将光标定位到需要插入图片的位置，然后单击"插入"选项卡，单击"图片"按钮。在弹出的"插入图片"对话框中，选择要插入的图片文件，单击"插入"按钮或者直接双击图片，所选择的图片即插入到文档指定位置。插入图片1效果如图1-26所示。

图1-25 首字下沉设置

图1-26 插入图片1效果

（2）设置图片大小：选择"图片工具"菜单，输入图片高度和宽度，用户不要选择"锁定纵横比"选项，否则只能输入高度和宽度中的一项数值。设置图片大小效果如图1-27所示。

图1-27 设置图片大小效果

（3）设置文字环绕方式：选中图片，在"图片工具"选项卡中选择"环绕"，在打开的下拉列表中选择"紧密型环绕"。

（4）按照相同的方法，将光标定位于第四段右侧，插入图片2.jpg，大小设置为高3厘米，宽4.62厘米，图片版式为紧密型。

3. 插入及设置艺术字

（1）插入艺术字：将光标定位在第五段和第六段间，单击"插入"选项卡"文本"组中的"艺术字"按钮，从弹出的下拉列表中选择艺术字样式为"填充 - 紫色，着色 4，软边缘"。在弹出的"请在此放置您的文字"文本框中输入"做好规划，贵在落实"。如果用户已事先选择文本内容，则文本框会显示这些文字，不用输入。如果对艺术字显示效果不满意，可以单击"格式"选项卡（或者直接双击艺术字），在"艺术字样式"组中单击"文字效果"按钮，选择"转换"中的形状。此处设置文本效果为"转换→弯曲→波形 1"。

（2）设置艺术字大小：选择"格式"选项卡，在"大小"组中可以直接调整大小，也可单击对话框启动器 🔲 打开对话框，在"大小"选项卡中可设置艺术字高 1 厘米和宽 12 厘米。

（3）设置艺术字环绕方式：选中艺术字，在"格式"选项卡的"排列"组中单击"环绕文字"按钮，在打开的下拉列表中选择"紧密型环绕"，并旋转 15°。

任务三　表格文档的处理

任务描述

前面我们已经学习了如何使用 WPS 文字处理软件进行文档的编辑、美化、图文混排等。接下来，我们将学习文字处理软件的另一应用：表格制作。

下面就看看如何制作自己的基本信息表吧，如图 1-28 所示。

姓名↵	↵	性别↵	↵	↵
籍贯↵	↵	邮政编码↵	↵	
出生年月↵	↵	学历↵	↵	
毕业学校↵	↵			
家庭住址↵	↵			
住宅电话↵	↵	移动电话↵	↵	
工作经历↵	↵			

图 1-28　学生基本信息表

知识链接

WPS 文字处理软件不仅文字处理功能强大，而且提供了强大的表格处理功能，可以在文档中快速建立、编辑各种表格。表格的处理一般包括创建表格、编辑表格和格式化表格等。

（一）表格的创建

表格文档通常分为规则和不规则两类，针对这两类表格文档，WPS 提供了多种创建表格的方法，常用的有鼠标插入表格法、命令插入表格法、绘制表格法。

1. 鼠标插入表格法

鼠标插入表格法是基于规则表格的一种建立表格的方法，主要用于 10 列 8 行以内规则表格的创建。建立表格时，光标定位后单击"插入"→"表格"→"表格"下拉按钮，在弹出的下拉列表中拖动鼠标选择表格的行数和列数即可，如图 1-29 所示。

2. 命令插入表格法

命令插入表格法也是基于规则表格的一种建立表格方法，该方法可以建立任意行和列的规则表格，但一般主要用于 10 列 8 行以外规则表格的创建。建立表格时，光标定位后单击"插入"→"表格"→"表格"下拉按钮，在弹出的下拉列表中单击"插入表格"按钮，在弹出的"插入表格"对话框中，输入"列数"和"行数"，还可以在"列宽选择"组中定义插入表格的列宽，如图 1-30 所示。

3. 绘制表格法

绘制表格法是基于不规则表格的一种建立表格方法。建立表格时，选择"插入"→"表格"→"绘制表格"，鼠标指针将会变成"铅笔"形状，按住鼠标左键拖动，可以绘制不同高度单元格的表格或每行列数不同的表格。要擦除一条或者多条线，可以选择"布局"→"绘图"组，单击"橡皮擦"按钮，鼠标指针将会变成"橡皮"形状，单击要擦除的线条，即可实现擦除。

图 1-29　选择表格的行数和列数

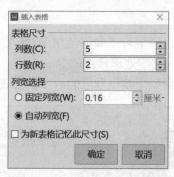

图 1-30　"插入表格"对话框

（二）表格的编辑

创建表格后，一般都需要对表格进行编辑处理。WPS 对表格的编辑处理包括插入或删除行或列、合并和拆分单元格、调整行高或列宽等。

1. 插入或删除行或列

在表格中插入或删除行或列的方法是：在需要执行插入或删除操作的位置处单击，单击"布局"→"行和列"→"在上方插入"或"在下方插入"按钮，即可在单元格的上方或下方插入一行；单击"在左侧插入"或"在右侧插入"按钮，即可在该单元格的左侧或右侧插入一列；单击"删除"按钮，在弹出的下拉列表中单击"删除行"按钮，即可删除此单元格所在的行；单击"删除"按钮，在弹出的下拉列表中单击"删除列"按钮，即可删除此单元格所在的列。

2. 合并和拆分单元格

WPS 文字处理软件中可以将同一行或同一列中的两个或多个单元格合并为一个单元格。比如，在水平方向上合并多个单元格，以创建表格标题。也可以将一个单元格拆分为两个或多个单元格。

合并单元格的方法是：拖动鼠标选择要合并的单元格，单击"布局"→"合并"→"合并单元格"按钮，即可把所选单元格合并为一个单元格。

拆分单元格的方法是：单击要拆分的单元格，再单击"布局"→"合并"→"拆分单元格"按钮。

3. 调整行高或列宽

改变行高或列宽的方法是：拖动鼠标选择要改变行高的行或改变列宽的列，单击"布局"→"单元格大小"，在"高度"或"宽度"文本框中设置合适的数值即可。

4. 绘制斜线表头

可以用"插入"→"形状"→"直线"来绘制表头斜线，用"插入"→"文本框"写入表头的标题文字，要去掉文本框的边线和填充。

（三）表格的格式化

在表格中输入文字和数字内容以后，可以调整表格内容的排列、对齐方式，使表格看起来更加整齐。

1. 设置单元格内容的对齐方式

设置单元格内容对齐方式的方法是：拖动鼠标选择要设置对齐方式的单元格。在"布局"选项卡的"对齐方式"组中，WPS 提供了九种单元格内文字的对齐方式，直接单击需要设置的对齐方式即可。

2. 设置表格的边框和底纹

为了达到特定的显示效果，用户可以对表格边框的线型、颜色、粗细等进行自定义设置。方法是：拖动鼠标选取要更改格式的单元格，单击"设计"→"边框"→"边框和底纹"中的对话框启动器，弹出"边框和底纹"对话框，如图 1-31 所示。选择"边框"选项卡，在"线型"列表框中选择一种边框线型样式。从"颜色"下拉列表框中选择一种边框颜色，从"宽度"下拉列表框中选择一种边框宽度，然后选择"底纹"选项卡，在"标准色"组中选择颜色。

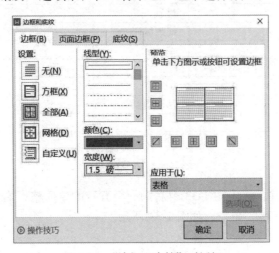

图 1-31　"边框和底纹"对话框

任务实施

"学生基本信息表"是一个不规则表格，可首先考虑用"绘制表格"的方法创建。从样式表格的结构，也可以将之看成是由规则部分和不规则部分组成的，其中，规则部分是表格所包含的"7 行 1 列"，除此之外的是不规则部分。对于表格的规则部分可以利用"插入表格"方法创建，表格的不规则部分则利用"绘制表格"方法创建。建立表格时能根据实际灵活运用各种方法和命令，往往会事半功倍、得心应手。

1. 创建表格的规则部分

将光标定位在文档末尾，然后另起一行，选择"插入"→"表格"，在弹出的下拉列表中拖动鼠标选择 7 行 1 列表格，即可建立起一个 7 行 1 列表格，如图 1-32 所示。

图 1-32 "7 行 1 列"表格

2. 创建表格的不规则部分

选择"插入"→"表格"→"绘制表格"，鼠标指针将变成"铅笔"形状，然后在表格上绘制制表线并输入内容，如图 1-33 所示。

姓名		性别	
籍贯		邮政编码	
出生年月		学历	
毕业学校			
家庭住址			
住宅电话		移动电话	
工作经历			

图 1-33 "绘制表格"效果

3. 编辑表格

右侧 1～6 行进行合并：选中图 1-33 中右侧一至五行的单元格，右击所选单元格，在弹出的快捷菜单中选择"合并单元格"命令，如图 1-34 所示。

姓名		性别		
籍贯		邮政编码		
出生年月		学历		
毕业学校				
家庭住址				
住宅电话		移动电话		
工作经历				

图 1-34　合并单元格效果

4. 格式化表格

（1）调整第 7 行的行高和列宽：将鼠标指针指向表格底边框线，用鼠标进行上下拖动即可改变第 7 行行高，然后将鼠标指针指向第 7 行的列分隔线，用鼠标进行左右拖动即可改变第 7 行列宽，效果如图 1-35 所示。

姓名		性别		
籍贯		邮政编码		
出生年月		学历		
毕业学校				
家庭住址				
住宅电话		移动电话		
工作经历				

图 1-35　调整行高和列宽效果

（2）设置文字对齐方式：选择表格，在"布局"选项卡中的"对齐方式"组中，单击"水平居中"对齐方式，如图 1-36 所示。

姓名		性别		
籍贯		邮政编码		
出生年月		学历		
毕业学校				
家庭住址				
住宅电话		移动电话		
工作经历				

图 1-36　设置对齐方式效果

（3）设置边框和底纹：选取表格，在"设计"选项卡的"边框"组中，单击"边框和底纹"对话框启动器，打开"边框和底纹"对话框，选择对话框"边框"选项卡中的"自定义"，在"样式"组中选择单实线，在"颜色"组中选择蓝色，在"宽度"组中选择 1.5 磅，单击预览下的外框四边把外边框线添加上；再在"样式"组中选择单实线，在"颜色"组中选择蓝色，在"宽度"组中选择 0.5 磅，单击预览下的内框添加单线，然后单击"底纹"，在"标准色"组中选择浅绿色。效果如图 1-28 所示。

任务四　毕业论文的排版

任务描述

我们毕业前会制作一份有内容、美观的毕业论文，为大学学习交一份满意的答卷。大家一定非常想学习毕业论文的排版吧，那就马上开始我们的学习之旅吧！

制作如图 1-37 所示的毕业论文，论文题目为"计算机的发展趋势"。

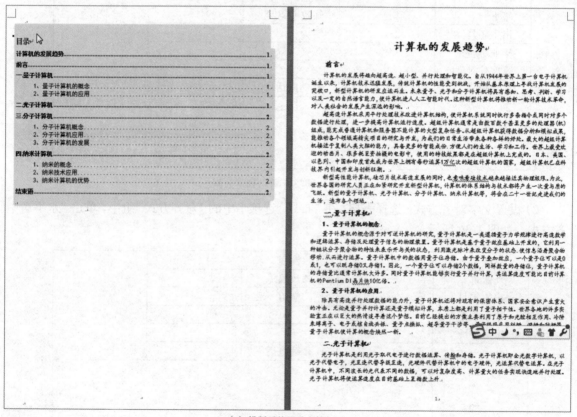

(a) 排版后的目录和第 1 页

图 1-37　毕业论文

三.分子计算机

1、分子计算机概念

分子计算机体积小、耗电少、运算快、存储量大。分子计算机的运行是吸收分子晶体上以电荷形式存在的信息，并以更有效的方式进行组织排列。分子计算机的运算过程就是蛋白质分子与周围物理化学介质的相互作用过程。转换开关为酶，而程序则在酶合成系统本身和蛋白质的结构中极其明显地表示出来。

2、分子计算机应用

生物分子组成的计算机具备能在生化环境下，甚至在生物有机体中运行，并能以其它分子形式与外部环境交换。因此它将在医疗诊治、遗传追踪和仿生工程中发挥无法替代的作用。目前正在研究的主要有生物分子或超分子芯片、自动机模型、仿生算法、分子化学反应算法等几种类型。分子芯片体积可比现在的芯片大大减小，而效率大大提高，分子计算机完成一项运算，所需的时间仅为10微微秒，比人的思维速度快100万倍。分子计算机具有惊人的存贮容量，1立方米的DNA溶液可存储1万亿亿的二进制数据。分子计算机消耗的能量非常小，只有电子计算机的十亿分之一。由于分子芯片的原材料是蛋白质分子，所以分子计算机既有自我修复的功能，又可直接与分子活体相联。

3、分子计算机的发展

美国已研制出分子计算机分子电路的基础元器件，可在光照几万分之一秒的时间内产生感应电流。以色列科学家已经研制出一种由DNA分子和酶分子构成的微型分子计算机。预计20年后，分子计算机将进入实用阶段。

四.纳米计算机

1、纳米的概念

纳米计算机是用纳米技术研发的新型高性能计算机。纳米管元件尺寸在几到几十纳米范围，质地坚固，有着极强的导电性，能代替硅芯片制造计算机。“纳米”是一个计量单位，大约是氢原子直径的10倍。

2、纳米技术应用

纳米技术是从20世纪80年代初迅速发展起来的新的前沿科研领域，最终目标是人类按照自己的意志直接操纵单个原子，制造出具有特定功能的产品。现在纳米技术正从微电子机械系统起步，把传感器、电动机和各种处理器都放在一个硅芯片上而构成一个系统。应用纳米技术研制的计算机内存芯片，其体积只有数百个原子大小，相当于人的头发丝直径的千分之一。纳米计算机不仅几乎不需要耗费任何能源，而且其性能要比今天的计算机强大许多倍。美国正在研制一种连接纳米管的方法，用这种方法连接的纳米管可用作芯片元件，发挥电子开关、放大和晶体管的功能。专家预测，10年后纳米技术将会走出实验室，成为科技应用的一部分。

3、纳米计算机的优势

纳米计算机体积小、造价低、存量大、性能好，将逐渐取代芯片计算机，推动计算机行业的快速发展。

结束语

我们相信，新型计算机与相关技术的研发和应用，是二十一世纪科技领域的重大创新，必将推进全球经济社会高速发展，实现人类发展史上的重大突破。科学在发展，人类在进步，历史上的新生事物都要经过一个从无到有的艰难历程，随着一代又一代科学家们的不断努力，未来的计算机一定会是更加方便人们的工作、学习、生活的好伴侣。

2

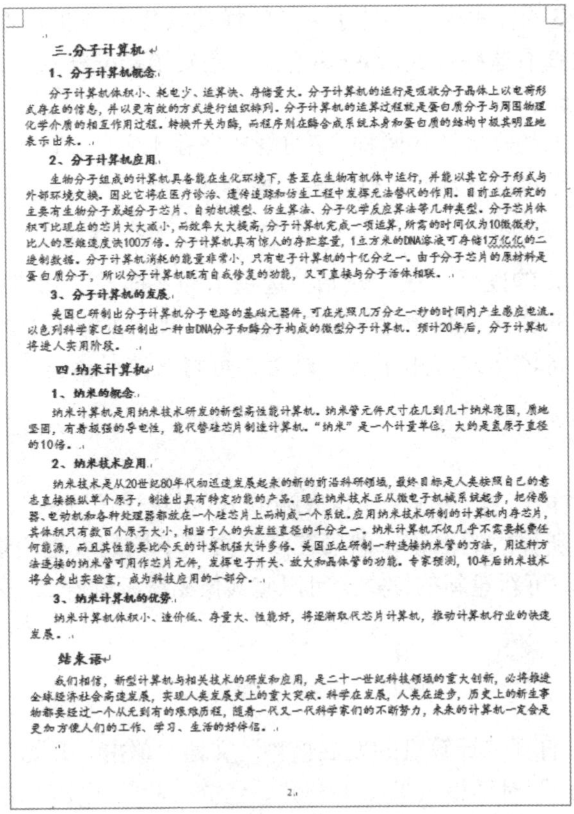

(b) 排版后的第 2 页

图 1-37 毕业论文（续）

论文版式要求如下：

(1) 文档的正文设置成楷体、五号，首行缩进 2 字符，段前段后为 0 行，单倍行距。

(2) 标题设置楷体、二号、加粗、居中对齐，大纲级别 1 级，首行缩进 0 字符，段前段后为 1 行，单倍行距。

(3) 一级标题设置成楷体、四号、加粗，首行缩进 2 字符，段前段后为 0.5 行，单倍行距。

(4) 二级标题设置成楷体、小四、加粗，首行缩进 2 字符，段前段后为 0.3 行，单倍行距。

(5) 在首页自动生成独立的目录，目录 1 格式设为黑体、小四、加粗，段前段后为 0.5 行，目录 2 格式设为黑体、小四，左侧缩进 2 字符。

(6) 插入页码，第 1 页从正文页开始，目录页不加页码。设置页码字号为三号。

知识链接

（一）样式

在进行文档排版时，许多段落都有统一的格式，如字体、字号、段间距、段落对齐方式等。手工设置各个段落的格式不仅烦琐，而且难以保证各段格式严格一致。WPS 文字处理软件的样式提供了将段落样式应用于多个段落的功能。

样式是一组排版格式指令，它规定的是一个段落的总体格式，包括字体格式、段落格式，以及后续段落的格式等。WPS的样式库中存储了大量的样式以及用户自定义样式，选择"开始"→"样式"窗口显示按钮就可以查看这些样式。WPS不仅预定义了标准样式，还允许用户根据自己的需要修改标准样式或创建样式。

样式可以分为字符样式和段落样式两种。字符样式保存了字体、字号、粗体、斜体、其他效果等。段落样式保存了字符和段落的对齐方式、行间距、段间距、边框等。

（二）使用已有样式

将光标移至要使用样式的段落，在"开始"选项卡的"样式"功能区右下角单击"样式"窗口显示按钮，然后在打开的样式窗口中选定需要的样式，便可将该样式应用于当前光标所在的段落或选定的段落。如果要将该样式应用于多个段落，可将这些段落全部选定，然后在样式窗口中单击所需的样式。

（三）新建样式

用户可以建立自己的样式。在"样式"窗口底端单击"新建样式"按钮，弹出"新建样式"对话框。在"名称"文本框中输入新样式的名称，然后在"格式"下拉列表框中选定相应格式的描述项，最后单击"确定"按钮，即可新建新的样式，可以将其像系统标准样式一样应用于段落中。

任务实施

1. 设置正文样式

（1）建立正文样式：打开"计算机的发展趋势"文档，单击"开始"→"样式"，在"样式"里单击🖋，打开"修改样式"对话框（见图1-38），建立"我的正文样式1"，包括楷体、五号、首行缩进2字符，段前段后为0行，单倍行距。

视 频

模块一　制作"毕业论文"

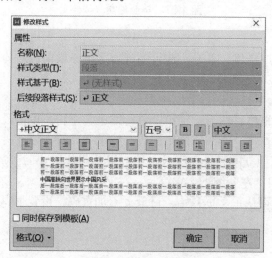

图 1-38　正文样式

（2）应用正文样式：全选文档，单击"样式"→"我的正文样式1"。

2. 设置标题样式

（1）建立标题样式：在"样式"里单击🖋，建立"我的标题样式"，包括楷体、二号、加粗、居中对齐，大纲级别1级，首行缩进0字符，段前段后为1行，单倍行距。

（2）应用标题 1 样式：选择文档中的标题，单击"样式"→"我的标题样式"。

3．设置一级标题样式

（1）建立标题 1 样式：在"样式"里单击，建立"我的标题 1 样式"，包括楷体、四号、加粗，大纲级别 1 级，首行缩进 2 字符，段前段后为 0.5 行，单倍行距。

（2）应用标题 1 样式：选择文档中所有的一级标题，单击"样式"→"我的标题 1 样式"。

4．设置二级标题样式

（1）建立标题 2 样式：在"样式"里单击，建立"我的标题 2 样式"，包括楷体、小四、加粗，大纲级别 2 级，首行缩进 2 字符，段前段后为 0.3 行，单倍行距。

（2）应用标题 2 样式：选择文档中所有的二级标题，单击"样式"→"我的标题 2 样式"。

至此，完成了正文和各级标题的设置。

注意：要先把文档全部设置成正文，再设置标题，因为正文文字多，先设置可以一次完成。

5．设置目录

（1）修改目录 1 样式：单击"样式"→"目录 1"→"修改"。把名称修改为"我的目录 1"，格式修改为黑体、小四、加粗，首行无缩进，段前段后为 0.5 行。

（2）修改目录 2 样式：单击"样式"→"目录 2"→"修改"。把名称修改为"我的目录 2"，格式修改为黑体、小四，左侧缩进 2 字符。

（3）生成目录：单击要插入目录的位置，单击"引用"→"目录"→"自动目录 1"即可自动生成目录。

（4）目录页独立：在目录的末尾单击"插入"→"分页"，就可以把目录页做成独立的。

6．插入页码

（1）按规定位置插入页码：把光标定位在目录页末尾，单击"页面布局"→"分隔符"→"下一页"，单击"插入"→"页码"→"页面底端"→"普通数字 2"，然后单击"页眉和页脚工具"下的"设计"选项卡中的导航功能区中的"链接到前一条页眉"按钮（让本节页脚与目录页页脚不相同，这样删除目录页页码不影响正文页码），然后单击"页码"下拉按钮，选择"设置页码格式"选项，设置起始页码后删除目录页底端的页码。

（2）修改页码格式：打开页脚，对页码进行字号（三号）设置。

任务五　宣传海报的制作

任务描述

宣传海报无处不在，除了使用图片处理工具制作海报以外，还可以使用 WPS 文字处理软件来制作简单海报。

制作如图 1-39 所示的"美丽的孝感"宣传海报。

美丽的孝感

历史地理

孝感，南起江汉，北接中原，现辖孝南、汉川、应城、云梦、安陆、大悟、孝昌七个县（市、区），面积8910平方公里。域内山丘起伏，河流萦绕，平原坦荡，湖泊星布。

孝感，有着深厚的人文历史积淀，文化古迹灿烂辉煌。长江中下游地区发现的11座5000年前的城址中，孝感就有3座，分别是叶家庙、门板湾、陶家湖城址，堪称孝感的城市之根。3000年前，先民们荜路蓝缕，以启山林，形成强大的荆楚部落，尔后成为西周两个诸侯的封国。

行政区划

孝感市是湖北省的地级市之一。下辖孝南和云梦、孝昌、大悟3县，代管应城、安陆、汉川3个县级市。

区域	面积（平方千米）	邮编	政府驻地
孝南区	1020	432100	书院街道
汉川市	1663	431600	仙女山街
应城市	1103	432400	广场大道
安陆市	1355	432600	府城街道
云梦县	604	432500	城关镇
孝昌县	1217	432900	花园镇
大悟县	1979	432800	城关镇

地貌

孝感市地势北高南低，由大别山、桐柏山向江

汉平原过渡呈坡状地貌。大体上一成低山、三成平原、六成丘陵。孝感市位于长江以北，大别山、桐柏山脉以南。地跨长江、淮河两大流域，其中长江流域8438.12平方公里，淮河流域471.88平方公里。桐柏山余脉和大别山余脉分别由西北向东南、东北向西南伸向北部，为长江、淮河两大水系的分水岭。

旅游名胜

双峰山旅游度假区，是国家AAAA级景区，鄂东北最大的森林公园，位于孝感市区东北部，孝昌县东部，东北与武汉市黄陂县为邻。距孝感市区40公里，武汉70公里，距天河国际机场50公里，107国道和京广铁路花园站19公里。

双峰山主峰为海拔880M的两座对峙山峰组成，其中最高峰高887.3M，为孝感市第一高峰。民间传说，双峰山由董永、七仙女"仙化"而成，"此眼化作双峙剑，刺破苍穹问缘由"。风景区即以此山命名。

图1-39　宣传海报样式

要求如下：

1. 页面设置

A4纸横向，上下边距1.2厘米，左2.5厘米、右10厘米。

2. 页眉页脚设置

页眉顶端距离1.3厘米、页脚底端距离1.05厘米，输入页眉内容为"美丽的孝感"，字体设置为微软雅黑、加粗、四号、蓝色。

3. 建立表格

创建8行4列的表格，第1行行高1厘米，第2~8行行高0.56厘米，列宽1.93厘米；所有文字水平居中；表格样式为"主题样式1强调2"。

4. 版面文字设置

正文中所有文字（包括文本框及表格）设置为宋体、五号、黑色。

5. 版面标题文字设置

微软雅黑、加粗、四号、蓝色。

6. 分栏设置

将内容分成两栏显示。

7. 插入正文图片

插入文件"双峰山 .jpg"，文字环绕为"紧密型环绕"，图片的绝对位置为水平 13.52 厘米，右侧左边距；垂直 13.38 厘米，下侧上边距；绝对大小高度 3.52 厘米、宽度 5.87 厘米。

8. 添加水印

文本内容为"严禁复制"；字号为 105，斜式；颜色红色，半透明版式。

知识链接

添加水印：如果想要给自己的文件添加水印，应如何实现呢？首先将光标定位在文档，选择"插入"→"添加水印"。水印包括自定义水印和预设水印两种方式。如果预设水印不能满足需求，可以单击"自定义水印"或者"插入水印"，在弹出的对话框中，可以对水印进行自定义设置。

任务实施

这是一份图文混排的综合宣传简报，应用的知识点有录入文字、页面设置、插入图片、插入表格、插入文本框、设置页面背景及边框与底纹的格式等。

视 频

模块一　制作
"宣传海报"

1. 页面设置

单击"页面布局"→"页面设置启动器"→"页边距"，上下边距输入 1.2 厘米，左 2.5 厘米、右 10 厘米；纸张方向选择"横向"；选择"纸张"→"纸张大小"→"A4"。

2. 页眉页脚设置

（1）选择"版式"→"页眉"，输入"1.3 厘米"，"页脚"输入"1.05 厘米"，如图 1-40 所示。

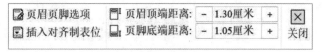

图 1-40　页眉页脚设置

（2）输入页眉内容：选择"插入"→"页眉"，选择"空白"，输入"美丽的孝感"。在"开始"设置页眉文字为微软雅黑、加粗、四号、蓝色。

3. 建立表格

选择"插入"→"插入表格"，输入"8 行，4 列"，合并第 1 行单元格，输入表格要求的文字，使表格所有文字居中对齐，选择 1 行，在"布局"输入行高 1 厘米；选择 2~8 行，在"布局"输入行高 0.56 厘米，列宽 1.93 厘米；选择表格，单击"设计"→"主题样式 1 强调 2"。

4. 版面文字设置

选择正文中所有文字（包括文本框及表格），在"开始"设置为宋体、五号、黑色。

5. 版面标题文字设置

设置标题文字为微软雅黑、加粗、四号、蓝色，表格标题为红色。

6. 分栏设置

选中正文，将其分为两栏显示。

7. 插入正文图片

选择"插入"→"图片"，插入文件"双峰山.jpg"，选择图片，单击"排列"→"环绕文字"→"紧密型环绕"。右击图片，选择"其他布局选项"，弹出"布局"对话框（见图1-41），设置水平绝对位置为13.52厘米，选择右侧左边距；垂直绝对位置输入13.38厘米，选择下侧上边距；选择"大小"选项卡，输入绝对大小高度3.52厘米、宽度5.87厘米。

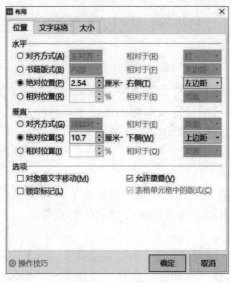

图1-41　图片布局

8. 添加水印

单击"插入"→"水印"→"自定义水印"，文本内容为"严禁复制"；字号为105，斜式；颜色红色，半透明版式。

实训一　WPS文字处理文档的建立与排版

实训目的

（1）掌握WPS的启动和退出。

（2）熟练掌握WPS文档的创建、保存、关闭和打开。

（3）熟练掌握WPS文档的编辑方法。

（4）重点掌握字体的修饰和段落的设置。

（5）掌握边框和底纹的设置。

（6）掌握图文混排和页面设置。

实训内容

（1）在 D 盘下建立学生文件夹，命名为"学号＋姓名"。

（2）创建"中国高铁 .docx"文档，保存在学生文件夹中，插入素材文件"中国高铁"。

（3）将正文中所有"中国高铁"替换为颜色为绿色、加着重号的"中国高铁"。

（4）将标题段文字"中国高铁向世界展示中国风采"设置为三号、楷体、加粗，标题段段落居中对齐，段前和段后间距设置为 1 行，并给标题文字加上红色边框。

（5）将正文字体设置为楷体、五号，各段落首行缩进 2 字符，段前设为 0.6 行，行距为"固定值 16 磅"。

（6）给文章插入页眉"中国高铁"，插入页脚为页码。

（7）在文中第二段插入艺术字"中国高铁惊艳世界"，宋体、三号，样式为"填充 - 橙色，着色 2，轮廓 - 着色 2"，文本效果为"转换→弯曲→正三角"，高度为 1.5 厘米，宽度为 7.5 厘米；环绕文字为"紧密型环绕"。在文中第三段插入图片，环绕文字为"四周型环绕"，图片大小高为 4 厘米、宽为 6 厘米。

（8）将第五、六两段合并为一段，并分为偏左两栏，间距为 3 字符，有分隔线。

（9）页面设置：设置纸张大小为 16 开，页边距上、下均为 2 厘米，左、右均为 2.3 厘米。存盘退出。

实训样式

实训样式如图 1-42 所示。

图 1-42　实训样式

步骤提示

（1）建立学生文件夹，命名为"学号＋姓名"。

打开 D 盘，右击，选择"新建"→"文件夹"，输入文件夹名字。

（2）创建"中国高铁 .docx"文档，保存在学生文件夹中，加入素材图片。

① 双击"WPS Office"图标，选择"新建空白文字"。

② 单击"插入"→"对象"→"文件中的文字…"，选择素材文件"中国高铁 .docx"。

③ 单击"保存"按钮，在弹出的"是否保存对文档 1 的更改？"对话框中选择"是"；弹出"另存为"对话框，单击"保存位置"下拉列表，选择 D 盘，双击自己的文件夹；在"文件名"文本框中输入"中国高铁"；在"保存类型"下拉列表框中选择"Word 文档"，单击"保存"按钮。

（3）将正文中所有"中国高铁"替换为颜色为绿色、加着重号的"中国高铁"。

按【Ctrl+F】组合键，弹出"查找和替换"对话框，在"查找内容"文本框中输入"中国高铁"，在"替换为"文本框中输入"中国高铁"，单击"格式"按钮进行文字格式设置，如图 1-43 所示，然后单击"全部替换"按钮。

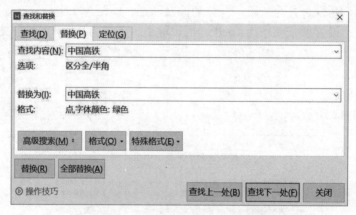

图 1-43 "查找和替换"对话框

（4）将标题段文字"中国高铁向世界展示中国风采"设置为三号、楷体、加粗，标题段段落居中对齐，段前和段后间距设置为 1 行，并给标题文字加上红色边框。

① 选定标题段文字"中国高铁向世界展示中国风采"，单击"开始"选项卡，在"字体"组单击"字体"和"字号"下拉按钮，选择"楷体"和"三号"，单击"加粗"按钮 **B** 和"文本居中"按钮。

② 单击"开始"选项卡，单击"段落"组的对话框启动器，打开"段落"对话框，选择"间距"选项卡，在"间距"的"段前"和"段后"文本框中输入"1 行"，如图 1-44 所示，单击"确定"按钮。

③ 将鼠标定位到标题行，单击"开始"选项卡，单击"段落"组中"边框和底纹"按钮的下拉列表中选择"边框和底纹"，在"边框"选项卡中选择"方框"，在"颜色"下拉列表框中选择"红色"，在"应用于"下拉列表框中选择"文字"，如图 1-45 和图 1-46 所示。

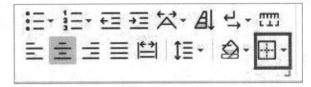

图 1-44　"段落"对话框　　　　　　　图 1-45　"段落"组的"边框和底纹"按钮

（5）将正文字体设置为楷体、五号，各段落首行缩进 2 字符，段前设为 0.6 行，行距为"固定值 16 磅"。

① 选定正文各段落，单击"开始"选项卡，在"字体"组单击"字体"和"字号"下拉按钮，选择"楷体"和"五号"。

② 单击"开始"选项卡，单击"段落"组的对话框启动器，打开"段落"对话框，选择"缩进"和"间距"选项卡，在"特殊格式"的下拉列表框中选择"首行缩进"，设置"度量值"为"2 字符"，设置"段前"为"0.6 行"，在"行距"的下拉列表框中选择"固定值"，设置"设置值"为"16 磅"，如图 1-47 所示，单击"确定"按钮。

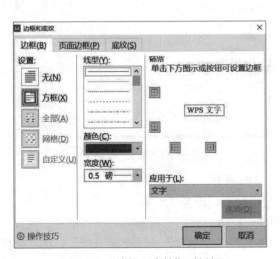

图 1-46　"边框和底纹"对话框　　　　　　图 1-47　"段落"对话框

（6）给文章插入页眉"中国高铁"，插入页脚为页码。

① 单击"插入"→"页眉"，在"页眉"式样中选择一种样式。

② 在页眉处输入"中国高铁"。

③ 单击"插入"→"页脚"，在"页脚"式样中选择一种样式，选择"页码"的位置和格式，页码就插入到页脚里，单击"页眉页脚设计"选项卡的"关闭页眉页脚"按钮退出。

（7）在文中第二段插入艺术字"中国高铁惊艳世界"，宋体、三号，样式为"填充 - 橙色，着色 2，轮廓 - 着色 2"，文本效果为"转换→弯曲→正三角"，高度为 1.5 厘米，宽度为 7.5 厘米；环绕文字为"紧密型环绕"。在文中第三段插入图片，环绕文字为"四周型环绕"，图片大小高为 4 厘米、宽为 6 厘米。

① 将光标定位到第二段，单击"插入"→"艺术字"，选择"填充 - 橙色，着色 2，轮廓 - 着色 2"，如图 1-48 所示。

② 在"请在此放置您的文字"中输入"中国高铁惊艳世界"。

设置"文本效果"为"转换→弯曲→正三角"，选择"格式"→"大小"，输入高度为 1.5 厘米，宽度为 7.5 厘米，环绕文字为"紧密型环绕"。

将光标定位到第三段，选择"插入"→"图片"，弹出"插入图片"对话框，选择图片文件的位置及名字，单击"插入"按钮。

③ 选中图片，出项 8 个控制按钮，右击，选择"大小和位置"命令，弹出"布局"对话框，选择"大小"选项卡，不选"锁定纵横比"，设置"高度"为"4 厘米"，"宽度"为"6 厘米"，如图 1-49 所示。

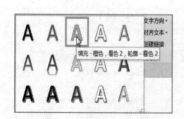

图 1-48　艺术字样式　　　　　　　　　　图 1-49　"布局"对话框

④ 选择"文字环绕"选项卡，选择环绕方式为"四周型"，单击"确定"按钮。

（8）将第五、六两段合并为一段，并分为偏左两栏，间距为 3 字符，有分隔线。

① 将光标定位到调整后的第五段末尾，按【Delete】键，将回车符删除，合并第五、六段。

② 选中合并后的第五段使其反相显示，选择"布局"→"分栏"→"更多分栏"，在"分栏"

对话框中选择"偏左"，在"间距"中输入"3 字符"，单击"确定"按钮。

（9）页面设置：设置纸张大小为 16 开，页边距上、下均为 2 厘米，左、右均为 2.3 厘米。存盘退出。

① 选择"页面布局"→"页边距"→"自定义页边距"，在"页面设置"对话框选择"页边距"选项卡（见图 1-50），在"页边距"文本框中分别输入上、下、左、右边距，在"预览"的"应用于"下拉列表框中选择"整篇文档"。

② 选择"纸张"选项卡，在"纸张大小"下拉列表中选择"16 开 184×260"，在"预览"的"应用于"下拉列表框中选择"整篇文档"，如图 1-51 所示，单击"确定"按钮。

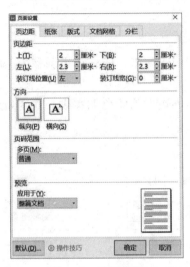

图 1-50　页面设置

图 1-51　"纸张"设置

实训二　WPS 表格的建立和编辑

实训目的

（1）熟练掌握 WPS 建立表格的方法。

（2）熟练掌握表格的编辑。

（3）熟练掌握文本转换为表格的方法。

（4）掌握不规则表格的制作方法。

实训内容

1. 新建文件夹

在 E 盘下建立学生文件夹，名为"学号＋姓名"。

2. 新建"实训 2.docx"文档

新建"实训 2.docx"文档，完成如下操作：

（1）创建标准表。

① 建立各车间机器生产总表，如图 1-52 所示。

车间	1季度	2季度	3季度	4季度
一车间	60	70	65	75
二车间	65	65	70	65
三车间	76	66	55	76
四车间	73	57	67	66

图 1-52　各车间机器生产总表

② 将各单元格内所有数据设置为楷体、五号，居中对齐。

③ 将表格第 1 列宽度调整为 2 厘米，其余各列调整为 1.5 厘米，所有行高调整为 1 厘米，并将表格居中。

④ 将表格外边框设置为红色双线框，宽度为 1.5 磅，内边框为蓝色细实线，宽度为 1 磅，并给整个表格加上浅绿色底纹。

（2）创建自由表格，内容如图 1-53 所示。

姓名＼科目	语文	数学	英语	计算机	体育
王红	80	90	85	90	90
蒋明	87	78	86	86	78
备注					

图 1-53　自由表格

实训样式

实训样式如图 1-54 所示。

各车间机器生产总表

车间	1 季度	2 季度	3 季度	4 季度
一车间	60	70	65	75
二车间	65	65	70	65
三车间	76	66	55	76
四车间	73	57	67	66

姓名＼科目	语文	数学	英语	计算机	体育
王红	80	90	99	95	90
蒋明	87	98	100	90	88
备注					

图 1-54　实训样式

步骤提示

1. 新建文件夹

在 E 盘下建立学生文件夹，名为"学号+姓名"。

2. 新建"实训 2.docx"文档

新建"实训 2.docx"文档，完成如下操作：

（1）创建标准表。

① 建立表格。

a. 输入标题"各车间机器生产总表"。

b. 选择"插入"→"表格"→"插入表格"。

c. 弹出"插入表格"对话框（见图 1-55），输入表格的行数和列数，单击"确定"按钮。

d. 将光标移至表格的单元格内，逐个输入表格内容。

② 将各单元格内所有数据设置为楷体、五号，居中对齐。

a. 选定整个表格，单击"开始"的"字体"和"字号"下拉按钮，选择"楷体"和"五号"。

b. 选定整个表格，右击，在弹出的快捷菜单中选择"单元格对齐方式"下的▣。

③ 将表格第 1 列宽度调整为 2 厘米，其余各列调整为 1.5 厘米，所有行高调整为 1 厘米，并将表格居中。

a. 将光标定位到表格第 1 列的任意单元格内，右击，在弹出的快捷菜单中选择"表格属性"，弹出"表格属性"对话框，如图 1-56 所示。

b. 选择"列"选项卡，设置"指定宽度"为"2 厘米"，单击"确定"按钮。

c. 选定除第 1 列外的其余各列，在"表格属性"对话框内选择"列"选项卡，设置"指定宽度"为"1.5 厘米"，单击"确定"按钮。

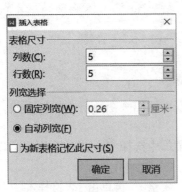

图 1-55 "插入表格"对话框

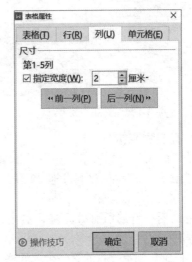

图 1-56 "表格属性"对话框

d. 选定所有行，在"表格属性"对话框内选择"行"选项卡，设置"指定宽度"为"1 厘米"，单击"确定"按钮。

e. 将光标定位到表格标题，单击"居中对齐"按钮▤；选定整个表格，右击，在弹出的快捷菜单中选择"单元格对齐方式"中的 🔲 。

以上步骤设置后的效果如图 1-57 所示。

④ 将表格外边框设置为红色双线框，宽度为 1.5 磅，内边框为蓝色细实线，宽度为 1 磅，并给整个表格加上浅绿色底纹。

a．将光标定位到表格的任意单元格内，右击，在弹出的快捷菜单中选择"表格属性"，在"表格属性"对话框内选择"表格"选项卡，单击"边框和底纹"按钮，弹出"边框和底纹"对话框。

b．选择"边框"选项卡（见图 1-58），在"设置"

各车间机器生产总表

车间	1 季度	2 季度	3 季度	4 季度
一车间	60	70	65	75
二车间	65	65	70	65
三车间	76	66	55	76
四车间	73	57	67	66

图 1-57　效果

下选择"自定义"，在"线型"列表框中选择"双线"，在"颜色"下拉列表框中选择"红色"，在"宽度"下拉列表框中选择"1.5 磅"，单击预览窗口表格的外部；在"线型"列表框中选择"单实线"，在"颜色"下拉列表框中选择"蓝色"，在"宽度"下拉列表框中选择"1 磅"，单击预览窗口表格的内部。

c．在"边框和底纹"对话框中，选择"底纹"选项卡（见图 1-59），在"填充"下拉列表框中选择"浅绿"，单击"确定"按钮。

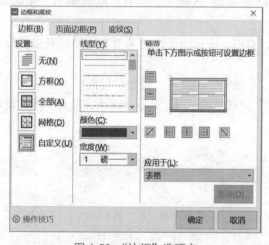

图 1-58　"边框"选项卡

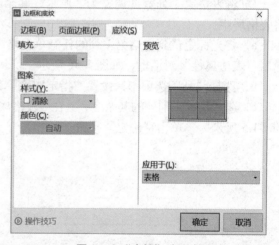

图 1-59　"底纹"选项卡

（2）创建自由表格。

① 选择"插入"→"表格"→"绘制表格"，出现"铅笔"工具。

② 用"铅笔"工具向右下方拖动画出一个矩形框，在框内画出一个 4 行 6 列的表格，调整合适的行高和列宽。

③ 选定最后一行的所有单元格，右击，在弹出的快捷菜单中选择"合并单元格"，将最后一行合并为一格。

④ 将光标定位到第一行的第一个单元格，选择"插入"→"表格"，再单击"表格样式"，单击"绘制斜线表头"。单击"插入"→"文本框"，在文本框中输入"科目"，在另一个文本框中输入"姓名"。

⑤ 输入各单元格的内容，调整单元格内文本的对齐方式。

3．存盘退出

保存创建好的文档，并退出 WPS 文字处理软件。

实训三 WPS 文字处理综合应用

实训目的

（1）熟练掌握 WPS 文档的创建、保存、关闭和打开。

（2）重点掌握字体的修饰、段落的设置、边框和底纹的设置。

（3）掌握创建艺术字、图文混排和页面设置。

（4）了解利用工具栏绘制图形。

实训内容

1. 新建文件夹

在 D 盘下建立学生文件夹，名为"学号＋姓名"。

2. 综合应用 1

创建"排版 .docx"文档，如图 1-60 所示，保存在学生文件夹中。

图 1-60 "排版 .docx"文档

（1）建立在"排版 .docx"文档，插入"粤港澳大湾区 .docx"文件内容。

（2）页面设置：设置纸张大小为 16 开，页边距上、下分别为 2.0 厘米、2.2 厘米，左、右均为 2.0 厘米，页眉距离边界 1.2 厘米，页脚距离边界 1 厘米。

（3）将正文设为楷体、小四，各段落设置为首行缩进 2 字符，行距为"1.3 倍行距"。

（4）将标题文字设置为三号、楷体、加粗、居中，段前和段后间距设置为 1 行，并给该段落加上蓝色边框、黄色底纹。

（5）设置首字下沉，下沉 2 行，据正文 0.5 厘米。

（6）将文中所有"粤港澳"替换为红色，并加上着重号。

（7）给文章插入页眉"粤港澳大湾区"，插入页脚"作者：王红"。

（8）在第二段中插入艺术字"港珠澳大桥通车"，样式为"填充 - 金色，着色 4，软棱台"，环绕文字为"四周型环绕"，文本效果为"转换→弯曲→桥型"，大小高度为 2 厘米，宽度为 7 厘米。

（9）在第三段中插入"港珠澳大桥 .jpg"图片，环绕文字为"紧密型环绕"，图片大小调整为高 5 厘米，宽 8.8 厘米。

（10）将正文最后两段合并为一段，并分为等宽的两栏，栏宽设置为 19 字符，加上分隔线。

（11）存盘退出。

3. 综合应用 2

创建"课程表 .docx"文档，如图 1-61 所示，保存在学生文件夹中。

（1）在文档中建立表格。

（2）将表格内所有文字居中对齐。

（3）将标题"课程表"设置为宋体、四号、加粗。

（4）将表格第二行文字设置为楷体、小四、加粗，并加上浅绿色底纹。

（5）第五行至第八行文字设置为宋体、五号，存盘退出。

课程 节次 ＼ 星期		星期一	星期二	星期三	星期四	星期五
课程表						
上午	12节	C语言	大学语文	FLASH	网络	FLASH
	34节	网络	市场营销	英语	自习	FLASH
午 休						
下午	56节	体育	英语	C语言	数学	团日活动
	78节	自习	选修课	选修课	选修课	
晚 自 习						

图 1-61 "课程表 .docx"文档

4. 综合应用 3

创建个性化"广告 .docx"文档，如图 1-62 所示，保存在学生文件夹中。

（1）在"广告 .docx"文档中创建广告，字体、字号、文本位置、图片自定。

（2）页面设置：设置纸张大小为 A4，页边距上、下、左、右均为 2.0 厘米。

（3）广告内容及样张如图 1-62 所示。

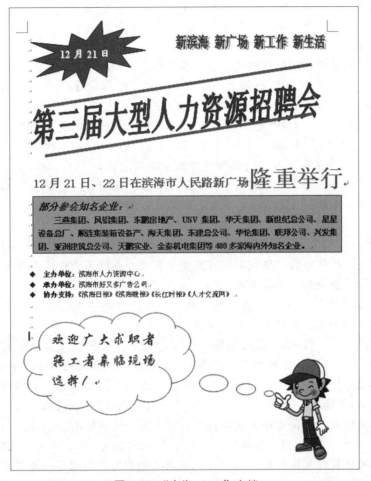

图 1-62　"广告 .docx"文档

习题一

一、选择题

1. 可以在"页面设置"对话框中设置的有（　　）。

　A. 版本　　　　　　　B. 纸张大小　　　　　　C. 纸张来源　　　　　　D. 打印机

2. 用户进行分栏设置是通过（　　）选项卡中的"分栏"进行的。

　A. 文件　　　　　　　B. 编辑　　　　　　　　C. 布局　　　　　　　　D. 工具

3. 选定一行最方便快捷的方法是（　　）。

　A. 在行首拖动鼠标至行尾　　　　　　　　　B. 在该行选定栏位置单击

　C. 在行首双击　　　　　　　　　　　　　　D. 在该位置右击

4. 不是 WPS 文字处理文本段落对齐方式的是（　　）。

    A. 两端对齐　　　　　　B. 分散对齐　　　　　　C. 右对齐　　　　　　　D. 下对齐

5. 在 WPS 文字处理软件窗口的工作区中，闪烁的垂直条表示（　　）。

    A. 光标位置　　　　　　B. 插入点　　　　　　　C. 键盘位置　　　　　D. 按钮位置

6. "页面设置"对话框由四部分组成，其中不包括（　　）。

    A. 版面　　　　　　　　B. 纸张大小　　　　　　C. 纸张来源　　　　　D. 打印

7. 在打印文档之前可以预览，以下命令中正确的是（　　）。

    A. 选择"文件"→"打印预览"　　　　　　　B. 单击"打印"按钮

    C. 单击"打印预览"按钮　　　　　　　　　D. A 和 C 都正确

8. 添加脚注和尾注是通过（　　）选项卡中的命令项进行的。

    A. 文件　　　　　　　　B. 插入　　　　　　　　C. 布局　　　　　　　D. 工具

9. 在 WPS 文字处理中，用鼠标选定一个矩形区域的文字时，需先按住（　　）键，同时拖动鼠标进行选择。

    A.【Alt】　　　　　　　B.【Shift】　　　　　　C.【Enter】　　　　　D.【Ctrl】

10. WPS 文字处理软件中的"格式刷"可用于复制文本或段落的格式，若要将选中的文本或段落格式重复应用多次，应执行的操作是（　　）。

    A. 单击"格式刷"　　　B. 双击"格式刷"　　　C. 右击"格式刷"　　　D. 拖动"格式刷"

11. 在 WPS 文字处理软件中能插入的图片没有（　　）。

    A. 来自网络　　　　　　B. 自选图形　　　　　　C. 艺术字　　　　　　D. 组织结构图

12. 在表格里编辑文本时，选择整个一行或一列以后，（　　）就能删除其中的所有文本。

    A. 按【Space】键　　　　　　　　　　　　B. 按【Ctrl+Tab】组合键

    C. 按【Enter】键　　　　　　　　　　　　D. 按【Delete】键

13. WPS 文字处理软件中在文档里查找指定单词或短语的功能是（　　）。

    A. 搜索　　　　　　　　B. 局部　　　　　　　　C. 查找　　　　　　　D. 替换

14. WPS 文字处理软件只能在（　　）下才能使用"绘图"工具栏插入图形。

    A. 网页视图　　　　　　B. 大纲视图　　　　　　C. 页面视图　　　　　D. 阅读视图

15. 在 WPS 文字处理编辑状态下，利用"格式刷"按钮（　　）。

    A. 只能复制文本的段落格式

    B. 只能复制文本的字号格式

    C. 只能复制文本的字体和字号格式

    D. 可以复制文本的段落格式和字号格式

16. WPS 文字处理中当鼠标指针变为右斜箭头时，表明鼠标指针位于（　　）。

    A. 选择条　　　　　　　B. 工具栏　　　　　　　C. 状态栏　　　　　　D. 文本区

17. WPS 文字处理软件中不可以在"字体"对话框中进行设置的是（　　）。

    A. 文字大小　　　　　　B. 文字样式　　　　　　C. 文字字体　　　　　D. 文字颜色

18. 在 WPS 文字处理"字体"对话框中，不能设置选中文本的（　　）。

    A. 行距　　　　　　　　B. 字符间距　　　　　　C. 字形　　　　　　　D. 字符颜色

19. 在 WPS 文字处理软件的编辑状态下，进行字体设置操作后，按新设置的字体显示的文字是（　　）。

    A. 插入点所在段落中的文字　　　　　　　B. 文档中被选定的文字

C．插入点所在行中的文字　　　　　　　　　D．文档的全部文字

20．在WPS文字处理软件中显示和阅读文件最佳的视图方式是（　　）。

　　A．普通视图　　　　B．联机版式视图　　　C．页面视图　　　　D．大纲视图

21．在WPS文字处理软件中，在页面设置选项中，系统默认的纸张大小是（　　）。

　　A．A4　　　　　　　B．B5　　　　　　　　C．A3　　　　　　　D．16开

22．在WPS文字处理软件的编辑状态下，执行"复制"命令后（　　）。

　　A．被选择的内容被复制到插入点处

　　B．被选择的内容被复制到剪贴板

　　C．插入点所在的段落被复制到剪贴板

　　D．插入点所在的段落内容被复制到剪贴板

23．WPS文字处理软件中对输入的文档进行编辑排版时，首先应（　　）。

　　A．移动光标　　　　B．选定编辑对象　　　C．设为普通视图　　　D．打印预览

24．当用WPS文字处理软件图形编辑器的基本绘图工具绘制正方形、圆时，在单击相应的绘图工具按钮后，必须按住（　　）键来拖动鼠标绘制。

　　A．【Ctrl】　　　　B．【Alt】　　　　　　C．【Shift】　　　　D．【Tab】

25．以下不属于WPS文字处理文字环绕方式的是（　　）。

　　A．四周环绕　　　　B．上下环绕　　　　　C．穿越环绕　　　　D．交叉环绕

26．在WPS文字处理软件中，位于文本框中的文字（　　）。

　　A．是竖排的

　　B．是横排的

　　C．可以设置为竖排，也可以设置为横排

　　D．可以设置为任意角度排版

27．艺术字的文字环绕方式没有（　　）。

　　A．插入型　　　　　B．四周型　　　　　　C．穿越型　　　　　D．衬于文字下方

28．下列创建表格的操作中，不正确的是（　　）。

　　A．选择"插入"→"表格"

　　B．单击"常用"→"插入表格"按钮

　　C．选择"表格"→"绘制表格"

　　D．选择"表格"→"插入表格"

29．在WPS文字处理软件的编辑状态下，选择了整个表格，然后按【Delete】键，则（　　）。

　　A．整个表格被删除　　　　　　　　　　　B．表格中的一列被删除

　　C．表格中的一行被删除　　　　　　　　　D．表格中的字符被删除

30．在WPS文字处理软件中，选定表格的一行并单击"剪切"按钮，则（　　）。

　　A．该行被删除，表格减少一行

　　B．该行被删除，并且表格可能被拆分成上下两个表格

　　C．仅该行的内容被删除，表格单元变成空白

　　D．整个表格被完全删除

31．在WPS文字处理软件中，可以利用组合功能将多个对象组合成一个整体，但不能参与组合的对象是（　　）。

　　A．表格　　　　　　B．图形　　　　　　　C．文本框　　　　　D．图片

32. 在 WPS 文字处理软件的表格中，位于第三行第四列的单元格名称是 (　　)。

    A. 3∶4　　　　　　　B. 4∶3　　　　　　　C. D3　　　　　　　D. C4

33. 在 WPS 文字处理软件窗口中，当"编辑"中的"剪切"和"复制"命令项呈浅灰色而不能被选择时，表示的是 (　　)。

    A. 选定的文档内容太长　　　　　　　　B. 剪贴板放不下剪贴板里已经有信息了

    C. 在文档中没有选定任何信息　　　　　　D. 正在编辑的内容是页眉或页脚

34. 在 WPS 文字处理软件编辑状态下，如果要在文档中输入符号"★"，则应使用 (　　)。

    A. "插入"→"符号"命令

    B. "编辑"→"符号"命令

    C. "工具"→"符号"命令

    D. "绘图"→"自选图形"→"星与旗帜"选项

35. 段落样式包括 (　　)。

    A. 字体　　　　　　　B. 加粗　　　　　　　C. 行间距、段间距　　　D. 红色

36. 字符样式包括 (　　)。

    A. 段前、段后　　　　B. 字体、字形　　　　C. 对齐方式　　　　　　D. 首行缩进

37. 用 WPS 文字处理软件编辑文档时，插入的图片默认为 (　　)。

    A. 嵌入型　　　　　　B. 四周型　　　　　　C. 紧密型　　　　　　　D. 上下型

38. 在 WPS 文字处理软件中编辑文本时，删除光标右边的一个字符可以按 (　　) 键。

    A.【Backspace】　　　B.【Delete】　　　　　C.【Alt】　　　　　　　D.【Ctrl】

二、判断题

1. 在 WPS 文字处理中，按【Enter】键可以添加一个段落。　　　　　　　　　　　　(　　)

    A. 正确　　　　　　　　　　　　　　　　B. 错误

2. 在 WPS 文字处理中对文档分为多栏，可以在"插入"选项卡中进行。　　　　　　(　　)

    A. 正确　　　　　　　　　　　　　　　　B. 错误

3. 使用"页眉和页脚"对话框，可以插入日期、页数以及页码。　　　　　　　　　(　　)

    A. 正确　　　　　　　　　　　　　　　　B. 错误

4. 用鼠标直接拖动边框来调整列宽时，边框左右两侧的列宽都将发生改变。　　　(　　)

    A. 正确　　　　　　　　　　　　　　　　B. 错误

5. 使用 WPS 文字处理的格式刷只能复制文字的格式，不能复制段落的格式。　　(　　)

    A. 正确　　　　　　　　　　　　　　　　B. 错误

6. 使用"插入表格"按钮的方式适合于创建行、列数较多的表格。　　　　　　　　(　　)

    A. 正确　　　　　　　　　　　　　　　　B. 错误

7. 公式"SUM(LEFT)"表示要计算左边各列的平均值。　　　　　　　　　　　　　(　　)

    A. 正确　　　　　　　　　　　　　　　　B. 错误

8. 在 WPS 文字处理软件的表格中，只能合并拆分单元格不能合并拆分表格。　　(　　)

    A. 正确　　　　　　　　　　　　　　　　B. 错误

9. 在 WPS 文字处理软件可为文字、图片、表格设置边框和底纹。　　　　　　　　(　　)

    A. 正确　　　　　　　　　　　　　　　　B. 错误

10. 要想让 WPS 文字处理软件自动生成目录，不用建立大纲索引。　　　　　　　(　　)

    A. 正确　　　　　　　　　　　　　　　　B. 错误

模块二

WPS 电子表格处理软件及应用

办公自动化中除文字处理工作之外，涉及较多的就是数据表格的处理。尽管 Word 中应用也包含了表格处理部分，但提供的功能有限，只能处理一些简单的表格，对比较复杂的表格，特别是数据表格的处理，则需要用 Excel 电子表格处理软件。Excel 电子表格处理软件是 WPS 办公套装软件中另一重要组件，在电子表格制作、数据运算、数据图表化和数据管理方面功能强大。

本模块学习目标

知识目标：

掌握 WPS Excel 在电子表格制作、数据运算、数据图表化和数据管理方面的主要功能；掌握 WPS Excel 主要功能在实际中的应用。

能力目标：

能利用 WPS Excel 制作和分析电子表格中的数据。

素质目标：

增强学习能力，提高数据安全意识，培养合规操作工作习惯，树立科学严谨的工作作风。

任务一　制作数据电子表格

任务描述

制作如图 2-1 所示的"学生课程成绩表"，要求工作表标题加粗显示，92~98 分之间的科目成绩用"红色"显示，数值数据为整数，所有数据水平垂直居中，将 A1:F1 单元格区域合并后居中，添加外框线和内框线，并调整行高和列宽使数据完整显示。

	A	B	C	D	E	F
1	学生课程成绩表					
2	学院	学号	姓名	数学	计算机	英语
3	信息工程学院	2106040101	张三	90	95	86
4	信息工程学院	2106040102	李四	91	96	90
5	信息工程学院	2106040103	王五	92	100	92
6	信息工程学院	2106040104	赵六	93	98	93
7	信息工程学院	2106040105	孙七	92	99	94
8	信息工程学院	2106040106	钱八	93	100	91
9	信息工程学院	2106040107	周九	96	100	92

图 2-1　学生课程成绩表

知识链接

（一）WPS Excel 软件启动

选择"开始"→"最近添加"→"WPS Office"→"左上角'+'符号"→"新建表格"→"新建空白表格"命令，即可启动 WPS Excel。此外，双击桌面 WPS Excel 快捷图标和 WPS Excel 工作簿，也可快速启动 WPS Excel。启动后的 WPS Excel 工作界面如图 2-2 所示。

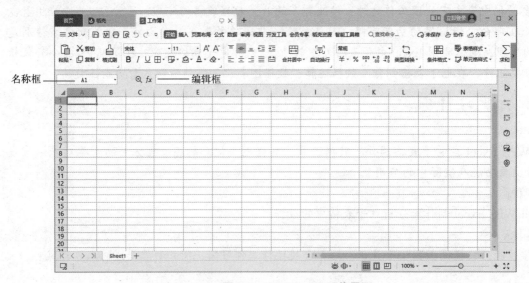

图 2-2　WPS Excel 工作界面

（二）WPS Excel 的窗口结构

WPS Excel 的窗口结构与 WPS Word 基本相同，也是由标题栏、功能区、工作区、状态栏等组成；不同的是，在 WPS Excel 的窗口结构中有一个编辑栏，而且工作区是一张二维表格。

1. 编辑栏

WPS Excel 的编辑栏由名称框、"插入函数"按钮 fx 和编辑框组成。其中名称框用于显示活动单元格的地址（如"A1"），"插入函数"按钮 fx 用于活动单元格的函数输入，编辑框的编辑区用于显示和编辑活动单元格的数据和公式。当向单元格输入数据或单击按钮 fx 时，编辑栏中间将增加另外两个按钮 ✕ ✓，称为工具按钮，其中按钮 ✓ 表示确认输入内容，按钮 ✕ 表示取消对单元格的内容输入或修改，退出编辑。

2. 工作区

编辑栏下方是工作表区域，其中，名称框下面灰色的小三角◢是"全选按钮"，单击它可以选中当前工作表的全部单元格。全选按钮右边的 A, B, …, AA, AB, …是列标题，共有 16 384 列，单击列标题可以选中相应的列。"全选"按钮下面的 1, 2, 3, …是行标题，由上而下为 1 ~ 1 048 576；单击行标题可以选中相应的行。中间最大的区域就是 WPS Excel 的工作区，也就是显示表格内容的地方。

3. 工作簿、工作表和单元格

WPS Excel 创建或处理的文件称为"工作簿"，其扩展名为 .xlsx。一个工作簿默认只有 Sheet1 工作表。工作表可以根据操作需要进行添加或删除。单击某个表的名字，就可以"激活"这张工作表，使它成为活动工作表。四个带箭头的按钮是标签滚动按钮，当工作表比较多时，用标签滚动按钮可改变标签的显示。

单元格是工作表中的每一个矩形框，是 Excel 的最小组成单位，它是基本的"存储单元"，可输入或编辑基本数据，如字符串、数据、公式、图形或声音等。每一个单元格都有固定的地址，由单元格的列、行编号并列在一起表示，例如，A1 表示第 1 列与第 1 行交叉处的单元格。

（三）建立工作簿

工作簿的创建可以通过先启动 WPS Excel 软件，然后在打开的窗口中可以建立新的空白工作簿、模板工作簿和打开现有工作簿等。另外，空白工作簿也可以通过右击快捷菜单建立。

（四）数据的输入

数据一般有文本、数值、日期、时间等类型。一般地，离散数据通常从键盘直接输入，方法是：先单击工作表标签，使它成为当前工作表，并单击待输入数据的单元格使之成为活动单元格，便可输入数据，但此时由键盘输入的数据只是显示在活动单元格中，要真正将数据输入到活动单元格，按【Enter】键（确认输入内容且活动单元格下移）、【Tab】键（确认输入内容且活动单元格右移）或单击编辑栏的"√"按钮（只确认输入内容，活动单元格不移动）即可。若按【Esc】键或单击编辑栏中的"×"按钮，则取消本次操作。

1. 文本的输入

文本有非数字型文本和数字型文本两种。

非数字型文本的输入和 WPS Word 向文档中输入文字一样。

数字型文本是指由数组成的但又没有数的功能的数据（如电话号码、学号）。数字型文本的输入，要在数字前加英文标点单引号"'"，否则系统会将它们作为数值处理。

默认情况下文本在单元格中自动左对齐，若输入数据太长时，而右侧单元格无内容时，则扩展覆盖右侧单元格，否则，截断显示，此时输入的内容被保护起来，只要拖动列分隔线改变单元格的列宽就可以将隐藏的数据显示出来。输完数据后，按【Enter】键，确认并下移；按【Tab】键，确认并右移；按【Esc】键，可取消输入的内容。

2. 日期和时间的输入

输入日期和时间时，要用"/"或"-"分隔年、月、日部分。例如，2022/9/10、2022-9-10。时间的格式是 hh:mm:ss（am/pm），例如，10:30:00 am。也可以同时输入日期和时间，但必须在日期和时间之间加一个空格，如，2022/9/10 10:30:00 am。输入的日期和时间在单元格中右对齐。

（五）数据的填充输入

如果要输入的是有规律的数据，可利用 WPS Excel 提供的自动填充功能快速输入，不必从键盘一一输入。一般可自动填充的有以下几种数据。

1. 填充相同的数据

在输入第一个数据后，移动鼠标指针到单元格右下角的黑方块（即填充柄）处，当指针变成小黑十字形状时，按住鼠标左键，拖动填充柄经过目标区域，到达目标区域后释放鼠标，自动填充完毕，此时就在一组连续单元格中填充了相同的数据。如果需要填充递增的数据，则应在填充的同时按住【Ctrl】键。也可以选定要输入相同数据的多个单元格（不连续也可以），输入数据然后按【Ctrl+Enter】组合键，即可在多个连续或不连续单元格中同时输入相同的数据。

2. 填充序列数据

序列数据包括非内置序列数据和内置序列数据两种。非内置序列数据的（如等差序列和等比序列）填充方法是：选中两个已输入数据的单元格，移动鼠标指针到单元格右下角的填充柄处，当指针变成小黑十字形状（见图 2-3）时，按住鼠标左键往下拖动，系统将根据两个单元格的类型（默认的类型是等差序列）在拖拉过的单元格内依次填充有规律的数据，如图 2-4 所示。

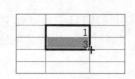

图 2-3　填充序列数据示意图　　　　图 2-4　序列数据填充结果

内置序列数据的（如星期等）填充方法是：选中一个已输入数据的单元格，移动鼠标指针到单元格右下角的填充柄处，当指针变成小黑十字形状时，按住鼠标左键往下拖动即可将序列填充在相应单元格内。

（六）数据的编辑

输入的数据可以根据需要进行修改、移动、复制、删除和清除等编辑处理。

1. 修改单元格数据

修改单元格中的数据有两种情形。一是全部修改单元格中的数据，通常采用的方法是：选定单元格后直接输入新数据。二是部分修改单元格中的数据，通常采用的方法是：先双击所要修改的单元格，然后选定其中要修改的内容并输入新数据；也可以选中要修改数据的单元格后，在编辑栏中修改。修改完毕后按【Enter】键或单击"P"按钮确认，单击"×"按钮或按【Esc】键可放弃修改。

2. 移动和复制单元格数据

移动和复制单元格中的数据是数据编辑常用操作，通常方法是：单击"开始"→"剪贴板"→"剪切"（或复制）与"粘贴"按钮来移动或复制数据。移动和复制单元格中的数据既可以在同一张工作表中进行，也可以在不同工作表间进行。当单元格数据移动或复制到新的位置时，将覆盖新位置上的内容和格式。

数据移动和复制也可用鼠标操作，方法是：移动单元格数据时，移动鼠标指针到单元格四周边框上，当鼠标指针变成向左的空心箭头时，按下鼠标左键拖动到另一单元格，如图2-5所示；复制单元格数据时，在移动单元格数据的基础上，按住【Ctrl】键和鼠标左键拖放到另一单元格即可。

图2-5 移动时鼠标指针的形状

如果用户仅想复制单元格的部分信息，例如，只复制数值，而不包括公式、格式等信息，则可以通过"选择性粘贴"命令实现特殊的移动和复制操作。方法是：复制数据后，单击"粘贴"下拉按钮，选择"选择性粘贴"选项，弹出"选择性粘贴"对话框，如图2-6所示，在其中选择要粘贴的项目即可复制单元格中的部分信息。

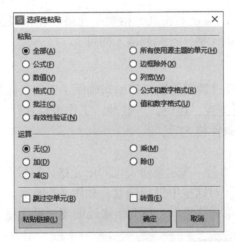

图2-6 "选择性粘贴"对话框

3. 单元格数据的清除

单元格数据可以全部清除，也可以有选择地清除，方法是：选中要清除数据的单元格，然后单击"开始"→"编辑"→"清除"下拉按钮，在弹出的下拉列表框中选择"全部清除"（清除单元格的所有信息）、"清除格式"（清除单元格的所有格式）、"清除内容"（清除单元格的数据）、"清除批注"（清除单元格的注释）、"清除链接"（清除单元格的链接）。如果选定单元格后按【Delete】键，则仅仅清除单元格内容，而公式、格式等信息仍存储在该单元格中。

4. 插入单元格、行和列

插入单元格、行和列：选定插入新位置（可以是某个单元格、行或列），然后单击"开始"→"插入"下拉按钮，可进行"插入单元格""在上方插入行""在下方插入行""在左侧插入列""在右侧插入列"等操作，如图2-7所示，选择一种插入方式，然后单击"确定"按钮。操作中插入的空行（或列）数与选定的行（或列）数相同。

图 2-7　插入单元格、行和列操作

　　插入单元格、行和列也可以通过右击某一指定单元格，在快捷菜单中选择"插入"命令，在弹出的"插入"对话框中选择单元格、行和列插入即可。

（七）工作表的格式化

　　与 Word 文档处理一样，经过数据的输入和编辑确保了工作表数据准确性后，接下来的工作就是格式化工作表，使工作表更美观、规范。一般地，工作表格式化主要包括设置单元格格式、调整工作表的行高和列宽、设置条件格式等。

1. 设置单元格格式

　　通常设置单元格格式的方法是：选定要格式化的单元格，然后右击，选择"设置单元格格式"命令，在弹出的"单元格格式"对话框中进行设置，如图 2-8 所示。可设置单元格中的内容类型、对齐方式、字体颜色和大小、单元格边框、单元格底纹图案、单元格是否锁定或隐藏等。

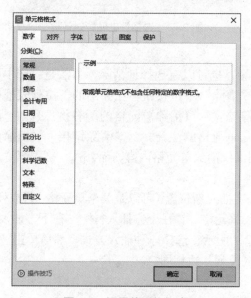

图 2-8　设置单元格格式

2. 调整工作表的行高和列宽

调整工作表的行高和列宽，通常方法是：将鼠标指针指向工作表中需要改变宽度的行号或列号的分隔线上，待光标变成双向箭头时，拖动双向箭头，或者单击"开始"→"行和列"下拉按钮，在弹出的下拉列表中选择"行高"或"列宽"命令，如图 2-9 所示，在弹出的对话框中输入列宽或行高的值，然后，单击"确定"按钮就可以更精细地调整行高和列宽。

图 2-9　设置行高和列宽

3. 设置条件格式

设置条件格式是为不同数据设定不同格式的一种格式设置方式，它可以使数据在满足不同条件时显示不同的格式。设置条件格式的通常方法是：单击"开始"→"条件格式"下拉按钮，在弹出的下拉列表中单击"突出显示单元格规则"按钮，如图 2-10 所示。若选择"其他规则"或"新建规则"，那么可以按照需求建立更多符合条件的格式。

图 2-10　设置条件格式

（八）数据的编辑

为了保证输入数据的正确性，Excel 提供了一种验证输入。例如，在输入学生成绩时，输入的分数应大于或等于 0 并且小于或等于 100，否则显示错误提示，这就需要进行有验证输入设置。首先选定输入区域，单击"数据"→"有效性"按钮，弹出"数据有效性"对话框，在"有效性条件"的"允许"下拉列表框中选定"整数"，在"数据"下拉列表框中选定"介于"，在"最小值"输入框中输入 0，在"最大值"输入框中输入 100，如图 2-11 所示。设置完成后单击"确定"按钮。以后在该单元格输入的成绩小于 0 或大于 100 或非整数时，系统就会显示错误提示。

图 2-11　数据验证输入

（九）工作表的快速格式化

与 Word 文档内置有格式模板一样，WPS Excel 也内置有大量已经格式化的单元格样式和表格格式，操作中可根据实际需要直接套用。

1. 套用单元格样式

套用内置的单元格样式，通常的方法是：选中要进行格式设置的单元格区域，然后单击"开始"→"单元格样式"下拉按钮，在弹出下拉列表中选择需要的单元格样式即可。在"单元格样式"下拉列表中，除了提供可供套用的单元格样式外，还提供了新建和合并样式的功能，如图 2-12 所示。

图 2-12　内置单元格样式

2. 套用表格格式

WPS Excel 不仅内置有很多已经格式化的单元格样式,而且内置有很多已经格式化的表格样式。套用内置表格样式的方法是:选中数据区域中任意一个单元格,然后单击"开始"→"表格格式"下拉按钮,在弹出的下拉列表中选择需要的表格样式即可。在"套用表格格式"下拉列表中除了提供可供套用的表格格式外,还有新建表格样式和新建数据透视表样式选项,如图2-13所示。

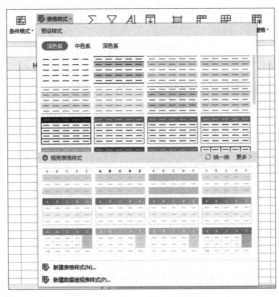

图 2-13 内置表格样式

任务实施

"学生课程成绩表"属于数据电子表格,其制作一般包括工作簿的创建、数据的输入、编辑和格式化等过程。

(1)创建工作簿:选择"开始"→"最近添加"→"WPS Office"→"左上角+符号"→"新建表格"→"新建空白表格"命令,启动并打开 WPS Excel 窗口,默认创建一个名为"工作簿1"的空白工作簿。

(2)非数字型文本的输入:选中 A1 单元格为活动单元格,输入"学生课程成绩表",依次按图2-14所示输入内容文本。

视频 •·········

模块二 制作
数据电子表格

	A	B	C	D	E	F
1	学生课程成绩表					
2	学院	学号	姓名	数学	计算机	英语
3	信息工程学院		张三			
4	信息工程学院		李四			
5			王五			
6			赵六			
7			孙七			
8			钱八			
9			周九			

图 2-14 非数字型文本输入

(3)非数字型文本的填充输入:移动鼠标到 A4 单元格右下角的填充柄处,当指针变成小黑十字形状时，按住鼠标左键拖动填充柄从 A5 到 A9，放开鼠标学院填充完毕，如图 2-15 所示。

	A	B	C	D	E	F
1	学生课程成绩表					
2	学院	学号	姓名	数学	计算机	英语
3	信息工程学院		张三			
4	信息工程学院		李四			
5	信息工程学院		王五			
6	信息工程学院		赵六			
7	信息工程学院		孙七			
8	信息工程学院		钱八			
9	信息工程学院		周九			

图 2-15　非数字型文本填充输入

（4）数字型文本的输入：选中 B3 单元格为活动单元格，输入"2106040101"，结果如图 2-16 所示。若单元格宽度不够，单元格宽度会自动加大，直到显示所有数字型文本。

	A	B	C	D	E	F
1	学生课程成绩表					
2	学院	学号	姓名	数学	计算机	英语
3	信息工程学院	2106040101	张三			
4	信息工程学院		李四			
5	信息工程学院		王五			
6	信息工程学院		赵六			
7	信息工程学院		孙七			
8	信息工程学院		钱八			
9	信息工程学院		周九			

图 2-16　数字型文本输入

（5）学号填充输入：移动鼠标到 B3 单元格右下角的填充柄处，当指针变成小黑十字形状时，按住鼠标左键拖动填充柄从 B3 到 B9，放开鼠标学号填充完毕，如图 2-17 所示。

	A	B	C	D	E	F
1	学生课程成绩表					
2	学院	学号	姓名	数学	计算机	英语
3	信息工程学院	2106040101	张三			
4	信息工程学院	2106040102	李四			
5	信息工程学院	2106040103	王五			
6	信息工程学院	2106040104	赵六			
7	信息工程学院	2106040105	孙七			
8	信息工程学院	2106040106	钱八			
9	信息工程学院	2106040107	周九			

图 2-17　数字型文本填充输入

（6）数值的输入：选中 D3 单元格为活动单元格，输入 90，并依次按图 2-18 所示输入。

	A	B	C	D	E	F
1	学生课程成绩表					
2	学院	学号	姓名	数学	计算机	英语
3	信息工程学院	2106040101	张三	90	95	86
4	信息工程学院	2106040102	李四	91	96	90
5	信息工程学院	2106040103	王五	92	100	92
6	信息工程学院	2106040104	赵六	93	98	93
7	信息工程学院	2106040105	孙七	92	99	94
8	信息工程学院	2106040106	钱八	93	100	91
9	信息工程学院	2106040107	周九	96	100	92

图 2-18　"数值"的输入

（7）设置单元格区域合并对齐格式：选定 A1:F1 单元格区域，单击"开始"→"合并居中"按钮合并；选中 A1:F9 单元格区域，选择"开始"→"水平居中"将所有数据居中显示，如图 2-19 所示。

图 2-19　数据在单元格内居中显示

（8）设置条件格式：选择 D3:F9，然后单击"开始"→"条件格式"→"突出显示单元格规则"按钮，在弹出的列表框中单击"其他规则"选项，弹出"新建格式规则"对话框，选择"选择规则类型"列表框中的"只为包含以下内容的单元格设置格式"类型，并输入条件，如图 2-20 所示。

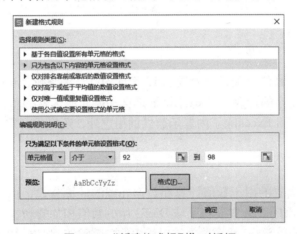

图 2-20　"新建格式规则"对话框

单击"格式"按钮，弹出"设置单元格格式"对话框，在"字体"选项卡的"颜色"下拉列表框中选择红色，然后单击"确定"按钮，返回"新建格式规则"对话框。再在"新建格式规则"对话框中单击"确定"按钮，科目成绩在 92~98 之间即呈"红色"显示。

（9）设置标题格式：选定 A1:F2 区域，按【Ctrl＋B】组合键将标题加粗显示，如图 2-21 所示。

	A	B	C	D	E	F
1			学生课程成绩表			
2	学院	学号	姓名	数学	计算机	英语
3	信息工程学院	2106040101	张三	90	95	86
4	信息工程学院	2106040102	李四	91	96	90
5	信息工程学院	2106040103	王五	92	100	92
6	信息工程学院	2106040104	赵六	93	98	93
7	信息工程学院	2106040105	孙七	92	99	94
8	信息工程学院	2106040106	钱八	93	100	91
9	信息工程学院	2106040107	周九	96	100	92

图 2-21　标题加粗显示

（10）设置边框格式：选定 A1:F9 区域，打开"设置单元格格式"对话框，选择"边框"选项卡，并在"预置"中选择"外边框"和"内部"，给所有数据区域添加外框线和内框线。最终结果如图 2-1 所示。

任务二　数据的运算

任务描述

在如图 2-22 所示的学生课程成绩表中计算各学生的总分、平均分（保留一位小数）和课程最高分。

	A	B	C	D	E	F	G	H
1	学生课程成绩表							
2	学院	学号	姓名	数学	计算机	英语	总分	平均分
3	信息工程学院	2106040101	张三	90	95	86		
4	信息工程学院	2106040102	李四	91	96	90		
5	信息工程学院	2106040103	王五	92	100	92		
6	信息工程学院	2106040104	赵六	93	98	93		
7	信息工程学院	2106040105	孙七	92	99	94		
8	信息工程学院	2106040106	钱八	93	100	91		
9	信息工程学院	2106040107	周九	96	100	92		
10	课程最高分							

图 2-22　学生课程成绩表

知识链接

数据运算是 WPS Excel 的强项，其内置的 13 类近 400 余种函数，可以对工作表中的数据进行求和、求均值、汇总等复杂的计算，并将计算结果自动返回所选定的单元格中，保证了计算结果和输入数据的准确性。WPS Excel 除了内置函数供调用之外，还提供自定义公式的功能，以满足数据计算的需要。

（一）函数的应用

函数是 WPS Excel 内置的用于数值计算和数据处理的计算公式，由三部分组成，即函数名、参数和括号。例如，SUM(D3:F3) 实现将区域 D3:F3 中的数值相加的功能。函数使用的方法如下：

选定返回计算结果的单元格，然后单击编辑栏中的"√"按钮，弹出"插入函数"对话框，如图 2-23 所示。

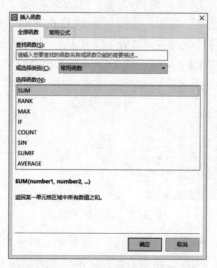

图 2-23　"插入函数"对话框

在"插入函数"对话框中，从"或选择类别"下拉列表框中选择合适的函数类型，从"选择函数"列表框中选择所需要的函数，然后单击"确定"按钮，打开所选函数的"函数参数"对话框，如图 2-24 所示，显示了该函数的函数名、函数的每个参数，以及参数的说明、函数的功能和计算结果。

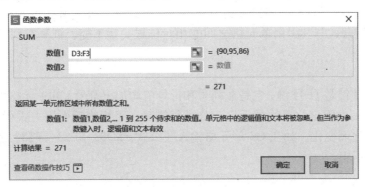

图 2-24　"函数参数"对话框

在参数输入框中输入参数，函数结果便显示在下方的"计算结果"栏中。单击"确定"按钮后，运算结果返回单元格中。

（二）公式的应用

公式是各单元格数据之间的运算关系式，由运算符、常量、函数、单元格地址组成，其一般格式为：返回计算结果的单元格地址 = 运算符、常量、函数、单元格地址组成的表达式。数据计算时，在选定返回计算结果的单元格中输入公式即可。公式的应用方法如下：

1. 确定计算公式

应用公式进行数据计算时，计算公式的确定是关键，方法是：首先建立计算一般公式，然后确定计算具体公式，最后引用单元格地址代替具体计算公式中相应的数据即为数据计算公式。

例如，计算张三同学的总分。公式的确定过程如下：

一般公式：总分 = 数学 + 计算机 + 英语。

具体公式：总分 =90+95+86。

计算公式：G3=D3+E3+F3。

2. 计算公式的输入

公式"G3=D3+E3+F3"确定后，需将之输入单元格 G3 中，方法是：单击单元格 G3（相当于输入公式左边部分），然后输入"="（相当于输入公式等号部分），再在等号后直接输入表达式：D3+E3+F3 最后按【Enter】键或单击编辑栏上的"√"按钮即可。也就是在单元格 G3 中输入 =D3+E3+F3，然后按【Enter】键，计算结果就会返回单元格 G3 中。

在一个单元格中输入公式后，如果相邻的单元格中需要进行同类型的计算，可以利用复制公式的方法自动填充到各单元格，即用拖动填充柄的方法完成公式自动填充。

（三）单元格地址的引用

引用单元格地址代替相应的数据时，引用的单元格地址方式不同，公式的计算结果则不一样。在 Excel 中单元格地址有相对引用、绝对引用、混合引用和跨表引用四种引用方式。

1. 相对引用

相对引用是 Excel 默认的单元格引用方式，是基于单元格间相对位置关系的一种引用，当将公式复制到其他位置时，公式中对单元格的引用会随着公式所在单元格位置的改变而改变。如在 G3 单元格输入了公式 =D3+E3+F3，若把公式复制到 G4 单元格，公式所在单元格列数未变，而行数增加了 1，为了保持公式与其引用单元格之间的相对位置关系不变，则复制到 G4 单元格中的公式变为 =D4+E4+F4。

2. 绝对引用

绝对引用的快捷键是【F4】键，它是在列号和行号前均加上符号 $ 的单元格引用方式，如 $D$3。绝对引用指向工作表中固定位置的单元格，公式复制时，采用绝对引用方式引用的单元格地址将不随公式位置的变化而变化。如在 G3 单元格输入了公式 =$D$3+$E$3+$F$3，若把公式复制到 G4 单元格，公式保持不变。

3. 混合引用

混合引用指单元格地址部分采用相对引用，部分采用绝对引用，如行用相对引用，列采用绝对引用；或列采用相对引用，行采用绝对引用，如 $D3、D$3。复制公式时，地址中相对引用部分会随公式位置的变化而变化，而绝对引用部分则保持不变。

4. 跨表引用

在 Excel 中，还允许在当前工作表的单元格中引用其他工作表中的单元格，方法是在单格地址引用前加上工作表名和"!"，如要在 Sheet1 工作表中引用 Sheet2 工作表中的 B1 单元格，则应在公式中输入 Sheet2!B1。

（四）WPS Excel 中的常用函数

WPS Excel 中的常用函数有财务函数、日期与时间函数、数学和三角函数、统计函数、查询和引用函数、数据库函数、文本函数、逻辑函数、信息函数、工程函数。比较常用的有如下函数：

1. SUM 函数

函数名称：SUM

主要功能：计算所有参数数值的和。

使用格式：SUM(number1,number2,…)

参数说明：number1,number2,…代表需要计算的值，可以是具体的数值、引用的单元格（区域）、逻辑值等。

特别提醒：如果参数为数组或引用，只有其中的数字将被计算。数组或引用中的空白单元格、逻辑值、文本或错误值将被忽略。

2. AVERAGE 函数

函数名称：AVERAGE

主要功能：求出所有参数的算术平均值。

使用格式：AVERAGE(number1,number2,…)

参数说明：number1,number2,…是需要求平均值的数值或引用单元格（区域），参数不超过 30 个。

特别提醒：如果引用区域中包含 0 值单元格，则计算在内；如果引用区域中包含空白或字符单元格，则不计算在内。

3. MAX 函数

函数名称：MAX

主要功能：求出一组数中的最大值。

使用格式：MAX(number1,number2,…)

参数说明：number1,number2,…代表需要求最大值的数值或引用单元格（区域）。

特别提醒：如果参数中有文本或逻辑值，则忽略。

4. MIN 函数

函数名称：MIN

主要功能：求出一组数中的最小值。

使用格式：MIN(number1,number2,…)

参数说明：number1,number2,…代表需要求最小值的数值或引用单元格（区域）。

特别提醒：如果参数中有文本或逻辑值，则忽略。

5. COUNT 函数

函数名称：COUNT

主要功能：统计某个单元格区域中的单元格数目。

使用格式：COUNT (value1,value2,…)

参数说明：value1,value2,…代表可以包含或引用各种不同类型数据的参数，但只对数字型数据进行计数。

6. ABS 函数

函数名称：ABS

主要功能：求出相应数字的绝对值。

使用格式：ABS(number)

参数说明：number 代表需要求绝对值的数值或引用的单元格。

特别提醒：如果 number 参数不是数值，而是一些字符（如 A 等），则 B2 中返回错误值 #VALUE！。

7. IF 函数

函数名称：IF

主要功能：判断单元格区域中的数值是否满足条件，如果满足则返回一个值，如果不满足则返回另一个值。

使用格式：IF(Logical_test,Value_if_true,Value_if_false)

参数说明：Logical_test 是判断条件，Value_if_true 是满足判断条件时返回的值，Value_if_false 是不满足判断条件时返回的值。

特别提醒：IF 函数的参数还可以是 IF 函数（或其他函数），这称为函数的嵌套，可构造复杂的判断条件。

8. SUMIF 函数

函数名称：SUMIF

主要功能：计算符合指定条件的单元格区域内的数值和。

使用格式：SUMIF(Range,Criteria,Sum_Range)

参数说明：Range 代表条件判断的单元格区域；Criteria 为指定条件表达式；Sum_Range 代表需要计算的数值所在的单元格区域。

特别提醒：文本型数据需要放在英文半角状态下的双引号（如 " 男 "、" 女 "）中。

9. COUNTIF 函数

函数名称：COUNTIF

主要功能：统计某个单元格区域中符合指定条件的单元格数目。

使用格式：COUNTIF(Range,Criteria)

参数说明：Range 代表要统计的单元格区域；Criteria 表示指定的条件表达式。

特别提醒：允许引用的单元格区域中有空白单元格出现。

（五）公式中的运算符

公式中常用的运算符有算术运算符、文本运算符、关系运算符、引用运算符四种。

算术运算符用来完成基本的数学运算，算术运算符有 +（加）、-（减）、*（乘）、/（除）、%（百分比）、^（乘方），用它们连接常量、函数、单元格和区域组成计算公式，其运算结果为数值型。运算符优先级别为：括号 ()→ 百分比 % → 乘方 ^ → 乘 *、除 / → 加 +、减 -。

文本运算符文本类型的数据可以进行连接运算，运算符是 &，用来将一个或多个文本连接成一个组合文本。例如，在 A1 单元格中输入"大学"，在 B1 单元格中输入"计算机基础"，在 C1 单元格中输入 =A1&B1，在 C1 单元格显示"大学计算机基础"。

关系运算符用来对两个数值进行比较，产生的结果为逻辑值 True（真）或 False（假）。比较运算符有 =（等于）、>（大于）、<（小于）、>=（大于或等于）、<=（小于或等于）、<>（不等于）等。

引用运算符用以对单元格区域进行合并运算。引用运算符有,（逗号）和:（冒号），表示对两个引用之间（包括两个引用在内）的所有单元格进行引用，引用若干离散单元格，引用连续单元格区域，需要写出开头的单元格地址和末尾单元格地址，中间用":"（冒号）分隔。例如，A1,A10 表示引用 A1、A10 两个单元格，A1:A10 表示引用 A1 ~ A10 的单元格区域。

任务实施

视频

模块二　数据
的运算

各学生的总分、平均分和课程最高分如一一计算出结果再输入工作表，计算量会非常大，通常是用公式（或函数）输入方法输入。WPS Excel 具有强大的对表格的数据做复杂运算功能，使用公式和函数可以对工作表中数据进行求和、求均值、汇总等复杂的计算，并将计算结果自动输入到所选定的单元格中，保证了计算结果和输入数据的准确性。

1. 使用函数计算总分

选定单元格 G3，单击编辑栏中的"√"按钮，在"插入函数"对话框中，从"或选择类别"下拉列表框中选择"常用函数"，从"选择函数"列表框中选择求和函数 SUM，单击"确定"按钮，弹出"函数参数"对话框，然后用鼠标到工作表中选定 D3:F3 单元格区域，则在参数输入框自动输入参数 D3:F3，单击"确定"按钮，运算结果被返回单元格 G3 中，如图 2-25 所示。

其他同学的课程成绩总分可通过自动填充输入，方法是移动鼠标到单元格右下角的填充柄处，当指针变成小黑十字形状时，按住鼠标左键，拖动填充柄经过目标区域，当到达目标区域后，释放鼠标左键，即可自动填充完毕，如图 2-26 所示。

G3　=SUM(D3:F3)

	A	B	C	D	E	F	G	H
1	学生课程成绩表							
2	学院	学号	姓名	数学	计算机	英语	总分	平均分
3	信息工程学院	2106040101	张三	90	95	86	271	
4	信息工程学院	2106040102	李四	91	96	90		
5	信息工程学院	2106040103	王五	92	100	92		
6	信息工程学院	2106040104	赵六	93	98	93		
7	信息工程学院	2106040105	孙七	92	99	94		
8	信息工程学院	2106040106	钱八	93	100	91		
9	信息工程学院	2106040107	周九	96	100	92		
10	课程最高分							

图 2-25　使用函数计算总分

G9　=SUM(D9:F9)

	A	B	C	D	E	F	G	H
1	学生课程成绩表							
2	学院	学号	姓名	数学	计算机	英语	总分	平均分
3	信息工程学院	2106040101	张三	90	95	86	271	
4	信息工程学院	2106040102	李四	91	96	90	277	
5	信息工程学院	2106040103	王五	92	100	92	284	
6	信息工程学院	2106040104	赵六	93	98	93	284	
7	信息工程学院	2106040105	孙七	92	99	94	285	
8	信息工程学院	2106040106	钱八	93	100	91	284	
9	信息工程学院	2106040107	周九	96	100	92	288	
10	课程最高分							

图 2-26　总分填充结果

2. 使用函数计算平均分

选定单元格 H3，单击编辑栏中的“✓”按钮，在“插入函数”对话框中，从“或选择类别”下拉列表框中选择“常用函数”，从“选择函数”列表框中选择求平均值函数 AVERAGE，单击“确定”按钮，弹出“函数参数”对话框，然后用鼠标到工作表中选定 D3:F3 单元格区域，则在参数输入框中自动输入参数 D3:F3，单击“确定”按钮后，运算结果被返回单元格 H3 中。其他同学的课程成绩平均分自动填充输入，如图 2-27 所示。

H9　=AVERAGE(D9:F9)

	A	B	C	D	E	F	G	H
1	学生课程成绩表							
2	学院	学号	姓名	数学	计算机	英语	总分	平均分
3	信息工程学院	2106040101	张三	90	95	86	271	90.3333
4	信息工程学院	2106040102	李四	91	96	90	277	92.3333
5	信息工程学院	2106040103	王五	92	100	92	284	94.6667
6	信息工程学院	2106040104	赵六	93	98	93	284	94.6667
7	信息工程学院	2106040105	孙七	92	99	94	285	95
8	信息工程学院	2106040106	钱八	93	100	91	284	94.6667
9	信息工程学院	2106040107	周九	96	100	92	288	96
10	课程最高分							

图 2-27　使用函数计算平均分

数值数据只保留一位小数：选定 H3:H9 单元格区域，右击并选择“设置单元格格式”，弹出“设置单元格格式”对话框，选择“数字”选项卡“分类”中的“数值”，并设置“小数位数”为 1，单击“确定”按钮，则数值数据保留一位小数，如图 2-28 所示。

图 2-28　数值数据只保留一位小数

3. 使用函数计算最高分

选定单元格 D10，单击编辑栏中的"✓"按钮，在"插入函数"对话框中，从"或选择类别"下拉列表框中选择"常用函数"，从"选择函数"列表框中选择条件函数 MAX，单击"确定"按钮，弹出"函数参数"对话框，然后用鼠标到工作表中选定 D3:D9 单元格区域，则在参数输入框中自动输入参数 D3:D9，单击"确定"按钮后，运算结果被返回单元格 D10 中。其他课程成绩的最高分自动填充输入，如图 2-29 所示。

图 2-29　使用函数计算最高分

求和运算在 Excel 中较多使用，所以 WPS Excel 在"公式"选项卡的"函数库"组中提供了"自动求和"按钮，单击"自动求和"按钮 Σ 后，将对选定的单元格区域自动求和。另外，在"自动求和"下拉按钮中，还提供有自动求平均值、计数、计数值、最大值、最小值选项，使用的方法是：选定返回计算结果的单元格，单击"自动求和"下拉按钮，选择相应函数，然后选定数据区域，单击"确定"按钮即可。

任务三　数据的图表化

✍ 任务描述

在图 2-29 所示的"学生课程成绩表"中，为所有同学的数学、计算机、英语成绩创建一个簇状柱形图。图表样式如图 2-30 所示。

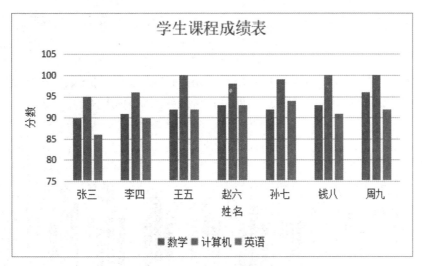

图 2-30　学生课程成绩表簇状柱形图

知识链接

数据图表化是 WPS Excel 继表格处理和数据运算的应用之后又一个比较常用的应用。所谓数据图表化，是指将表格中复杂的数据关系用图表表示出来，WPS Excel 内置有 10 大类 53 种图表类型，用这些图表来表示表格中复杂的数据关系可以使数据之间的内在规律通过各种图表形象、直观地显示出来，数据的图表化创建一般包括创建图表、编辑图表等。

（一）创建图表

选定需要转换成图表的数据所在的区域，单击"插入"→"图表"，选择需要的图表类型，在弹出的下拉列表框中选择图表子类型即可。操作系统是整个层次结构的核心，操作系统向下管理和控制硬件系统，向上支持应用软件的运行，并提供友好的操作平台，用户正是通过操作系统实现计算机使用的，这种层次关系为软件开发、扩充和使用提供了强有力的手段。

（二）编辑图表

图表包括图表标题、类别轴、垂直轴、数据系列和图例等部分。默认情况下插入的图表只是基本图表，往往需要对图表进一步编辑处理，包括修改图表类型、添加图表标题、修改图例位置等。

1. 修改图表类型

图表建立以后，如果认为图表类型不合适，可以为图表重新选择图表类型。方法是：首先选中创建的图表，此时软件会自动展开"图表工具"功能选项卡，单击"图表工具"→"更改类型"按钮，弹出"更改图表类型"对话框，重新选择图表类型即可。

2. 添加图表标题

如果图表建立时没有标题，可以为图表添加标题。方法是：选中创建的图表，单击"图表工具"→"添加元素"下拉按钮→"图表标题"，在弹出的下拉列表框中选择一种标题格式，然后选中"图表标题"文本框，删除"图表标题"字符并输入新的图表标题内容。

3. 修改图例位置

修改图表中的图例名称常用的方法是：选中图表中的图例，右击"设置图例格式"按钮，弹出"图例选项"对话框，可设置图例位置为"靠上""靠下""靠左""靠右""右上"等。

任务实施

（1）选定数据区域。选定单元格区域C2:F9，单击"插入"→"全部图表"→"柱形图"下拉按钮，在弹出的列表框中选择"簇状柱形图"选项即可，结果如图2-31所示。

● 视 频

模块二 数据的图表化

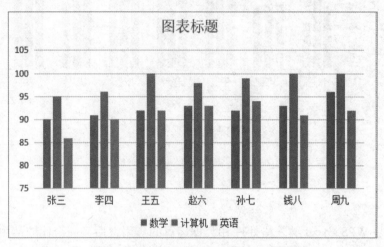

图 2-31　初始化学生课程成绩表簇状柱形图

（2）编辑图表标题。更改初始化簇状柱形图的默认图标标题方法：选中"图表标题"文本框，删除"图表标题"字符并输入"学生课程成绩表"即可。

（3）添加坐标轴标题。选中创建的图表，单击"图表工具"→"添加元素"→"轴标题"→"主要横向坐标轴"，图表的横坐标上出现"坐标轴标题"文本，将其更改为"姓名"。纵坐标标题添加方式同横坐标标题添加方式一致，并将纵坐标标题更改为"分数"，最终效果如图2-30所示。

任务四　数据管理与分析

任务描述

建立如图 2-32 所示的数据清单，然后按如下要求完成操作：

	A	B	C	D	E	F	G	H
1	学院	学号	姓名	数学	计算机	英语	总分	平均分
2	信息工程学院	2106040101	张三	80	90	72	242	80.7
3	信息工程学院	2106040102	李四	78	96	86	260	86.7
4	信息工程学院	2106040103	王五	90	98	92	280	93.3
5	信息工程学院	2106040104	王二小	88	78	80	246	82.0
6	建筑工程学院	2107030201	赵六	86	76	91	253	84.3
7	建筑工程学院	2107030202	孙七	92	82	95	269	89.7
8	机电工程学院	2108020301	钱八	83	89	78	250	83.3
9	机电工程学院	2108020302	周九	87	92	85	264	88.0

图 2-32　数据清单

（1）建立名为"简单排序"的副本工作表，然后在"简单排序"工作表中按总分的高低从上到下排序。另外建立"多条件排序"的副本工作表，在"多条件排序"工作表中设置"计算机"为主要关键字并降序排列，并设置数学和英语均为升序排序。

（2）分别建立名为"自动筛选"和"高级筛选"两个副本，然后在"自动筛选"工作表中筛选出计算机成绩高于 80 分且低于 95 分的记录，在"高级筛选"工作表中筛选出计算机大于 80 分或总分大于 250 分的学生。

（3）分别建立名为"简单汇总"和"数据透视表"两个副本，然后在"简单汇总"工作表中计算各学院学生各门课程的平均成绩，在"数据透视表"工作表中统计各学院学生数学最高分、计算机平均成绩、英语最低分并统计人数。

知识链接

WPS Excel 除了具有强大的制表、计算和图表处理功能外，还具有数据管理功能。对数据的管理，实际上是数据库对数据表管理技术中的一种基本功能，但对按数据库的数据表要求建立起来的数据表格，在 WPS Excel 中也可以实现数据管理部分功能，数据管理与分析主要涉及数据的排序、筛选、分类汇总等。

（一）数据清单

数据清单指按数据库的数据表要求建立起来的数据表格，又称数据列表，它是一张二维表，如图 2-32 所示。数据清单是在 WPS Excel 中实现数据管理的前提，与普通的数据表格相比较，数据清单的特点有：数据清单的第一行为表头，主要用于输入每列的列标题；数据清单中的列称为字段，每列的列标题称为该字段的字段名，行称为记录；列标题名必须唯一且同一列数据的数据类型必须完全相同；数据清单中不能有数据完全相同的两行；数据清单中不能包含空行和空列。

（二）数据排序

数据排序是指按照指定字段的值重新排列数据清单中的记录。排序依据的字段值称为"关键字"。关键字可以有多个，根据关键字个数，数据排序分为简单排序和多条件排序。

1. 简单排序

简单排序是指按照一个指定字段各行的值重新排列数据清单中的记录。简单排序的方法是：首先选定关键字段中任意一个单元格，然后单击"数据"→"排序"→"升序"或"降序"按钮即可。也可单击"开始"→"排序"→"升序"（或"降序"）按钮。

2. 多条件排序

在简单排序中，排序字段有相同的值时，还可以指定多个"次要关键字"对值相同的记录继续排序，称为多条件排序。多条件排序的方法是：选定数据清单中任意一个单元格，然后单击"数据"→"排序"→"自定义排序"按钮，或单击"开始"→"排序"→"自定义排序"按钮，弹出"排序"对话框，分别设置好"主要关键字""排序依据""次序"，需要添加"次要关键字"时可单击对话框中的"添加条件"按钮，如图 2-33 所示。

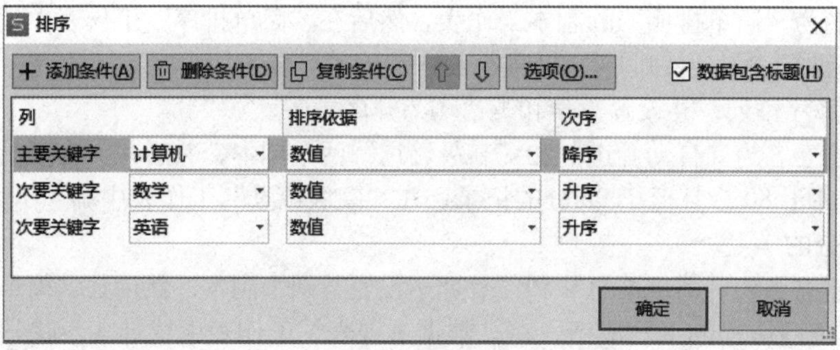

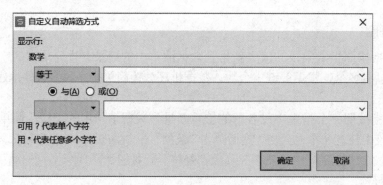

图 2-33　多条件排序

（三）数据的筛选

数据的筛选是指按照预设条件，把不符合条件的记录暂时隐藏，只显示符合条件的记录，数据筛选包括"自动筛选"和"高级筛选"两种方式。

1. 自动筛选

自动筛选是对单个字段建立的一种数据筛选方式，而多个字段之间是逻辑与的关系。自动筛选的条件比较简单，一般是单个条件或两个条件，这些条件可以由系统自动设置，也可以自定义设置。使用自动筛选方式筛选数据时，先选中数据清单中的任意一个单元格，然后单击"开始"→"筛选"按钮，或者单击"数据"→"筛选"按钮，此时数据清单的每个列标题右侧出现一个下拉按钮，单击下拉按钮，在弹出的下拉列表中，如果选择"全部"选项，则数据清单显示全部记录。如果选中某一筛选条件，则不符合条件的记录自动隐藏，只显示符合条件的记录。如果要自定义条件，则在下拉列表框中选择"数字筛选"→"自定义筛选"选项，弹出"自定义自动筛选方式"对话框，可以设置两个筛选条件并确定它们的"与""或"关系，如图 2-34 所示。

图 2-34　"自定义自动筛选方式"对话框

2. 高级筛选

相对于自动筛选而言，高级筛选是对多个字段建立的一种数据筛选方式，筛选数据时，如果预设的筛选条件很复杂，或同时对多个字段数据进行筛选，则可考虑使用高级筛选。高级筛选使用方法如下：

建立筛选条件：先在独立于数据清单的区域建立筛选条件（条件区域与数据清单之间有空行和空列分隔开即可），建立筛选条件时，条件区域首行用来输入筛选条件标题（条件标题必须与要筛选的字段名一致），从第二行起输入筛选条件，在同一行中的条件关系为"逻辑与"，在不同行之间的条件为"逻辑或"。即筛选条件间是"且"的关系，则输入在同一行中；是"或"的关系，则输入在不同的行中。

筛选数据：筛选条件建立后，单击数据清单中任意一个单元格，然后单击"数据"→"筛选"→"高级筛选"按钮，弹出"高级筛选"对话框，其中，"方式"组可以决定在原有区域或者其他位置显示筛选结果；"列表区域"文本框用来指定筛选区域，单击折叠按钮，然后在工作表中选定包含列标题在内的被筛选的数据区域；"条件区域"文本框用来指定条件区域；单击折叠按钮，在工作表中选择条件区域，如果要从结果中排除相同的行，可以选择"选择不重复的记录"复选框，最后单击"确定"按钮，即可筛选出所需的记录。

（四）数据的分类汇总

数据的分类汇总是指先将数据清单中的记录按指定关键字的值进行分类，字段值相同的为一类，然后再按类进行求和、求平均、计数、求方差等运算。分类汇总实际上包括分类和汇总两种操作，其中的分类是通过排序实现的，所以分类汇总前首先要按分类字段对数据清单进行排序，分类汇总分为简单汇总、嵌套汇总、数据透视表三种。

1. 简单汇总

简单汇总是指对数据清单中的一个字段统一做一种方式的汇总。简单汇总通常的方法是：单击"数据"→"分类汇总"按钮，弹出"分类汇总"对话框。

在"分类字段"下拉列表框中选择要按其分类的关键字。在"汇总方式"下拉列表框中选择汇总方式函数，包括求和、计数、平均值、最大值、最小值、乘积、计数值、标准偏差、总体标准偏差、方差等，默认为"求和"。在"选定汇总项"列表框中给出了所有字段中选择需要汇总的字段名。

如果要替换当前的分类汇总，则选择"替换当前分类汇总"复选框；如果要在每组分类之前插入分页，则选择"每组数据分页"复选框，在打印时将一组数据打印一页；如果要在数据组末端显示分类汇总结果，则选择"汇总结果显示在数据下方"复选框，最后单击"确定"按钮即可。如果要删除当前的分类汇总，则在重新弹出的"分类汇总"对话框中单击"全部删除"按钮，分类汇总表即还原为一般工作表。

2. 数据透视表

数据透视表是指对数据清单中多个字段进行分类汇总，而简单汇总和嵌套汇总都是只能对一个字段进行分类汇总。数据透视表对数据清单中多个字段进行分类汇总的方法是：

（1）选定要建立数据透视表的数据清单，然后单击"插入"→"数据透视表"，弹出"创建数据透视表"对话框，选择一个表或区域作为要分析的数据，如图 2-35 所示。

（2）在"创建数据透视表"对话框中设置完成后，单击"确定"按钮，进入数据透视表编辑状态，如图 2-36 所示。

（3）将"数据透视表字段列表"任务窗格中的字段按数据透视表的文字说明拖到相应位置处，并调整汇总方式。

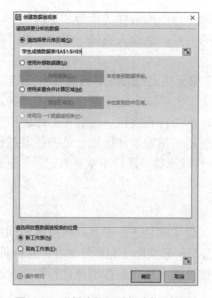

图 2-35 "创建数据透视表"对话框

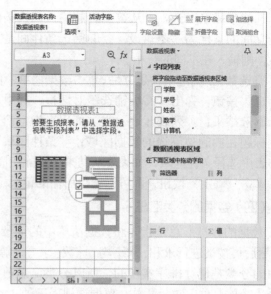

图 2-36 数据透视表编辑状态示意图

（五）非二维表的数据管理

数据的管理是基于数据清单而言，一般地，在非二维表中实现数据管理，可以采取只选二维表部分进行操作。非二维表不能直接进行排序，否则报错"存在不同大小的合并单元格，请确认合并单元格一致后再次排序"。例如，在如图 2-37 所示为某书库 2022 年图书单价和订购数量统计表，要求按金额从小到大排序。

序号	图书名称	单价	订购数量	金额
	书库图书订购表			
1	毛泽东思想和中国特色社会主义理论体系概论	36.5	180	6570
2	中国近现代史纲要	34.5	160	5520
3	思想道德与法治	29.8	150	4470
4	形势与政策	23.5	200	4700
5	马克思主义基本原理	26.8	170	4556
	总计			25816

图 2-37 图书单价和订购数量统计表

选中 A2:E7 单元格区域，此范围属于二维表区域。然后单击"开始"→"排序"→"自定义排序"按钮，弹出"排序"对话框。在"主要关键字"下拉列表框中选择"金额"，在"排序依据"下拉列表框中选择"数值"，在"次序"下拉列表框中选择"升序"，如图 2-38 所示。

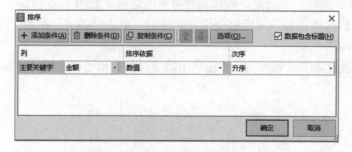

图 2-38 "排序"对话框

单击"确定"按钮，结果如图 2-39 所示。

	A	B	C	D	E
1		书库图书订购表			
2	序号	图书名称	单价	订购数量	金额
3	3	思想道德与法治	29.8	150	4470
4	5	马克思主义基本原理	26.8	170	4556
5	4	形势与政策	23.5	200	4700
6	2	中国近现代史纲要	34.5	160	5520
7	1	毛泽东思想和中国特色社会主义理论体系概论	36.5	180	6570
8		总计			25816

图 2-39　排序结果图

（六）复杂图表创建

数据图表化的目的是采用图表直观地反映数据之间的变化趋势，由于订购数量与单价相差很大，创建的簇状柱形图上只能看到订购数量的变化情况，而单价的变化情况几乎看不到。改变这种情况的方法是增加一个 Y 轴用于显示单价，并修改单价数据系列的图表类型为"XY（散点图）"即可。例如，在图 2-37 的数据基础上，设置图书名称、单价和订购数量创建的簇状柱形图，并更改单价的显示类型图为"XY（散点图）"。

首先选中图 2-37 中的 B2:D7 单元格区域，单击"插入"→"图表"→"簇状柱形图"按钮，在并更改图表标题为"图书单价订购数量情况表"，结果如图 2-40 所示。

右击图表中的单价数据系列，在弹出的快捷菜单中选择"设置数据系列格式"命令，并选择"系列选项"组中的"系列绘制在"中的"次坐标轴"选项，单击"关闭"按钮。

再次右击图表中的单价数据系列，在弹出的快捷菜单中选择"更改系列图表类型"命令，默认选项为"组合图"中的"自定义组合"，选择"簇状柱形图 - 次坐标轴上的折线图"选项，更改"单价"为次坐标轴，单击"确定"按钮，结果如图 2-41 所示。

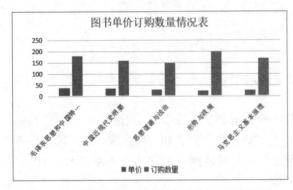

图 2-40　图书单价订购数量表对应的簇状柱形图

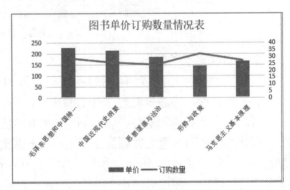

图 2-41　图书订购统计表

视频 ●

模块二　数据
管理与分析

任务实施

1. 按总分的高低排序

（1）建立数据清单副本：按住【Ctrl】键的同时拖动图 2-32 所示的数据清单所在的工作表，会产生一个副本，将之命名为"简单排序"。

（2）按总分的高低排序：选定数据清单"总分"字段中任意一个单元格，然后单击"数据"→"排序"→"降序"按钮，便可按总分从高到低重新排列数据清单中的记录，如图 2-42 所示。

	A	B	C	D	E	F	G	H
1	学院	学号	姓名	数学	计算机	英语	总分	平均分
2	信息工程学院	2106040103	王五	90	98	92	280	93.3
3	建筑工程学院	2107030202	孙七	92	82	95	269	89.7
4	机电工程学院	2108020302	周九	87	92	85	264	88.0
5	信息工程学院	2106040102	李四	78	96	86	260	86.7
6	建筑工程学院	2107030201	赵六	86	76	91	253	84.3
7	机电工程学院	2108020301	钱八	83	89	78	250	83.3
8	信息工程学院	2106040104	王二小	88	78	80	246	82.0
9	信息工程学院	2106040101	张三	80	90	72	242	80.7

图 2-42 按总分从高到低排序结果

2. 按各门课程成绩的高低排序

（1）建立数据清单副本：按住【Ctrl】键的同时拖动图 2-32 所示的数据清单所在的工作表，会产生一个副本，将之命名为"多条件排序"。

（2）按各门课程成绩的高低排序：选定数据清单中任意一个单元格，然后单击"开始"→"排序"→"自定义排序"按钮，弹出"排序"对话框，在"主要关键字"下拉列表框选择"计算机"，在"排序依据"下拉列表框中选择"数值"，在"次序"下拉列框中选择"降序"。在"次要关键字"下拉列表框中分别选择"数学""英语"，在"排序依据"下拉列表框中选择"数值"，在"次序"下拉列框中选择"升序"。单击"确定"按钮，排序结果如图 2-43 所示。

	A	B	C	D	E	F	G	H
1	学院	学号	姓名	数学	计算机	英语	总分	平均分
2	信息工程学院	2106040103	王五	90	98	92	280	93.3
3	信息工程学院	2106040102	李四	78	96	86	260	86.7
4	机电工程学院	2108020302	周九	87	92	85	264	88.0
5	信息工程学院	2106040101	张三	80	90	72	242	80.7
6	机电工程学院	2108020301	钱八	83	89	78	250	83.3
7	建筑工程学院	2107030202	孙七	92	82	95	269	89.7
8	信息工程学院	2106040104	王二小	88	78	80	246	82.0
9	建筑工程学院	2107030201	赵六	86	76	91	253	84.3

图 2-43 多条件排序结果

3. "自动筛选"数据

（1）建立数据清单副本：按住【Ctrl】键的同时拖动图 2-32 所示的数据清单所在的工作表，会产生一个副本，将之命名为"自动筛选"。

（2）"自动筛选"数据：选定数据清单中的任意一个单元格，然后单击"数据"→"筛选"按钮，数据清单的每个列标题右侧则会出现一个下拉按钮，在"计算机"列选择下拉列表中的"数字筛选"选项→"自定义筛选"选项，弹出"自定义自动筛选方式"对话框，设置筛选条件"大于80"且进行"与"操作，并设置"小于95"，如图 2-44 所示。

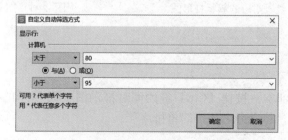

图 2-44 "自定义自动筛选方式"对话框

单击"确定"按钮，筛选结果如图 2-45 所示。

	A	B	C	D	E	F	G	H
1	学院	学号	姓名	数学	计算机	英语	总分	平均分
3	建筑工程学院	2107030202	孙七	92	82	95	269	89.7
4	机电工程学院	2108020302	周九	87	92	85	264	88.0
7	机电工程学院	2108020301	钱八	83	89	78	250	83.3
9	信息工程学院	2106040101	张三	80	90	72	242	80.7

图 2-45 自动筛选结果

4. "高级筛选" 数据

（1）建立数据清单副本：按住【Ctrl】键的同时拖动图 2-32 所示的数据清单所在的工作表，会产生一个副本，将之命名为"高级筛选"。

（2）建立条件区域：首行输入筛选条件标题"计算机""总分"，在第二行"计算机"下输入">80"，在另一行"总分"下输入">250"。

（3）"高级筛选"数据：选定数据清单中任意一个单元格，然后单击"数据"→"筛选"→"高级筛选"命令，弹出"高级筛选"对话框。在"高级筛选"对话框中，单击"列表区域"文本框右侧的折叠按钮，然后在数据清单中选定包含列标题在内的被筛选的数据区域即公式为"高级筛选 !$A$1:$H$9"，同理，单击"条件区域"文本框右侧的折叠按钮，然后选定建立的条件区域即公式为"高级筛选 !$E$12:$F$14"，如图 2-46 所示。

图 2-46 设置高级筛选的方式

单击"确定"按钮，筛选计算机成绩在 80 分以上，或者总分在 250 分以上的记录，筛选结果如图 2-47 所示。

	A	B	C	D	E	F	G	H
1	学院	学号	姓名	数学	计算机	英语	总分	平均分
2	信息工程学院	2106040103	王五	90	98	92	280	93.3
3	建筑工程学院	2107030202	孙七	92	82	95	269	89.7
4	机电工程学院	2108020302	周九	87	92	85	264	88.0
5	机电工程学院	2106040102	李四	78	96	86	260	86.7
6	建筑工程学院	2107030201	赵六	86	76	91	253	84.3
7	机电工程学院	2108020301	钱八	83	89	78	250	83.3
9	信息工程学院	2106040101	张三	80	90	72	242	80.7
10								
11								
12					计算机	总分		
13					>80			
14						>250		

图 2-47 高级筛选结果图

5. "简单汇总"计算各学院学生各门课程的平均成绩

（1）建立数据清单副本：按住【Ctrl】键的同时拖动图 2-32 所示的数据清单所在的工作表，会产生一个副本，将之命名为"简单汇总"。

（2）对数据清单按"学院"排序，在数据清单中选定一个单元格，单击"数据"→"分类汇总"按钮，弹出"分类汇总"对话框，在"分类字段"下拉列表框中选择"学院"，在"汇总方式"下拉列表框中选择"平均值"，在"选定汇总项"列表框中选择"计算机""数学""英语"需要汇总的字段名，选择"替换当前分类汇总"复选框和"汇总结果显示在数据下方"复选框，如图 2-48 所示。

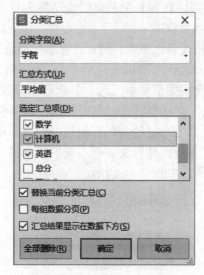

图 2-48 "分类汇总"对话框

单击"确定"按钮，汇总结果如图 2-49 所示。

	A	B	C	D	E	F	G	H
1	学院	学号	姓名	数学	计算机	英语	总分	平均分
2	信息工程学院	2106040101	张三	80	90	72	242	80.7
3	信息工程学院	2106040102	李四	78	96	86	260	86.7
4	信息工程学院	2106040103	王五	90	98	92	280	93.3
5	信息工程学院	2106040104	王二小	88	78	80	246	82.0
6	信息工程学院 平均值			84	90.5	82.5		85.7
7	建筑工程学院	2107030201	赵六	86	76	91	253	84.3
8	建筑工程学院	2107030202	孙七	92	82	95	269	89.7
9	建筑工程学院 平均值			89	79	93		87.0
10	机电工程学院	2108020301	钱八	83	89	78	250	83.3
11	机电工程学院	2108020302	周九	87	92	85	264	88.0
12	机电工程学院 平均值			85	90.5	81.5		85.7
13	总平均值			85.5	87.625	84.875		86.0

图 2-49 "分类汇总"结果

6. 用透视表统计各学院学生数学最高分、计算机平均成绩、英语最低分并统计人数

（1）选定要建立数据透视表的数据清单，然后单击"插入"→"数据透视表"按钮，弹出"创建数据透视表"对话框，选择一个表或区域范围为"数据透视表 !$A$1:$H$9"，选择方式数据透视表的位置为"新工作表"。单击"确定"按钮后，进入数据透视表编辑状态。

（2）将"数据透视表字段列表"任务窗格中的"姓名"选项拖到"报表筛选"和"数值"上，

"学院"选项拖到"行标签"上，"数学""计算机""英语"选项拖到"数值"上，并将汇总方式分别调整为"最大值""平均值""最小值"。同时"姓名"选项汇总方式调整为"计数"，如图 2-50 所示。数据透视表结果如图 2-51 所示。

图 2-50　设置"数据透视表"

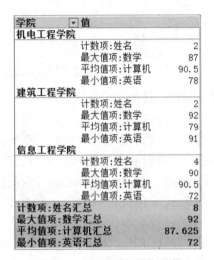

图 2-51　"数据透视表"结果

实训一　WPS Excel 的基本操作（一）

实训目的

（1）熟练掌握 WPS Excel 数据的输入和编辑。

（2）熟练掌握公式和函数的使用。

（3）掌握工作表的数据修饰和格式设置。

实训内容

1. 新建文件夹

在 D 盘下建立学生文件夹，命名为"学号＋姓名"。

2. 数据的输入及编辑

（1）在学生文件夹下，新建一个名为 ex1.xlsx 的工作簿，Sheet1 工作表内容如图 2-52 所示。

（2）将标题"合并及居中"，并在"王五"记录后插入一条新记录，内容为：

信息工程学院、2106040104、王二小、88、78、80

（3）在"总分"前插入一列"体育"，成绩从上往下依次为：

91，86，87，72，66，83，68，85

	A	B	C	D	E	F	G	H	I	J
1	学生课程成绩表									
2	学院	学号	姓名	数学	计算机	英语	总分	平均分	加权分	等级
3	信息工程学院	2106040101	张三	80	90	72				
4	信息工程学院	2106040102	李四	78	96	86				
5	信息工程学院	2106040103	王五	90	98	92				
6	建筑工程学院	2107030201	赵六	86	76	91				
7	建筑工程学院	2107030202	孙七	92	82	95				
8	机电工程学院	2108020301	钱八	83	89	78				
9	机电工程学院	2108020302	周九	87	92	85				
10		最高分								
11		最低分								

图 2-52　ex1 工作簿的 Sheet1 工作表

3. 公式及函数的使用

（1）利用函数分别求出每个学生的"总分"。

（2）利用函数分别求出每个学生的"平均分"。

（3）利用函数分别求出各门课程的"最高分"。

（4）利用函数分别求出各门课程的"最低分"。

（5）利用公式求出"加权分"：加权分 = 数学 ×0.3+ 计算机 ×0.3 + 英语 ×0.2 + 体育 ×0.2。

（6）利用 IF 函数求出"等级"：总分超过 340 的记为"优秀"，其余记为"合格"。

4. 工作表的编辑和格式化

（1）设置标题字体为仿宋、18 号，其他字体为宋体、12 号。

（2）设置 A11:C11 单元格合并居中，且设置 A12:C12 单元格合并居中，然后给工作表设置表格单框线，并将 A1:K2 单元格的内容加粗显示。

（3）将平均分和有效分设置为保留 1 位小数位数，整张表所有内容水平垂直居中显示。

实训样式

实训样式如图 2-53 所示。

	A	B	C	D	E	F	G	H	I	J	K
1	学生课程成绩表										
2	学院	学号	姓名	数学	计算机	英语	体育	总分	平均分	加权分	等级
3	信息工程学院	2106040101	张三	80	90	72	91	333	83.3	83.6	良好
4	信息工程学院	2106040102	李四	78	96	86	86	346	86.5	86.6	优秀
5	信息工程学院	2106040103	王五	90	98	92	87	367	91.8	92.2	优秀
6	信息工程学院	2106040104	王二小	88	78	80	72	318	79.5	80.2	良好
7	建筑工程学院	2107030201	赵六	86	76	91	66	319	79.8	80.0	良好
8	建筑工程学院	2107030202	孙七	92	82	95	83	352	88.0	87.8	优秀
9	机电工程学院	2108020301	钱八	83	89	78	68	318	79.5	80.8	良好
10	机电工程学院	2108020302	周九	87	92	85	85	349	87.3	87.7	优秀
11		最高分		92	98	95	91				
12		最低分		78	76	72	66				

图 2-53　实训样式

步骤提示

1. 新建文件夹

在 D 盘下建立学生文件夹，命名为"学号＋姓名"。

打开 D 盘，右击，选择"新建"→"文件夹"命令，输入"学号＋姓名"的文件夹名字。

2. 数据的输入及编辑

（1）在学生文件夹下新建一个名为 ex1.xlsx 的工作簿。

① 选择"开始"→"最近添加"→"WPS Office"→"左上角'＋'符号"→"新建表格"→"新建空白表格"。

② 在 Sheet1 中选定单元格，依次输入相关内容，如图 2-52 所示。

③ 单击标题栏上的"关闭"按钮，在弹出的"是否保存对新建 XLSX 工作表的更改？"对话框中单击"是"按钮；弹出"另存为"对话框，在"保存位置"下拉列表框中选择 D 盘，双击自己的文件夹；在"文件名"文本框中输入该文件的名字 ex1；单击"保存"按钮。

（2）打开 ex1.xlsx 工作簿，选中 A1:K1 单元格，单击"开始"中的"合并居中"选项。在"王五"记录后插入一条新记录，内容为"信息工程学院、2106040104、王二小、88、78、80"。

① 将光标定位到"王五"这一行的任一单元格，右击并选择"插入→"在下方插入行"命令。

② 依次选定 A5 至 F5 单元格，依次输入"信息工程学院、2106040104、王二小、88、78、80"。

（3）在"总分"前插入一列"体育"，成绩为：91，86，87，72，66，83，68。

① 将光标定位到"总分"列的任一单元格，右击并选择"插入→"在左侧插入列"命令。

② 分别选定 G2 到 G10 单元格，依次输入"体育，91，86，87，72，66，83，68，85"。

3. 公式及函数的使用

（1）利用函数分别求出每个学生的"总分"。

选定单元格 H3，单击编辑栏中的按钮，在"插入函数"对话框中，从"或选择类别"下拉列表框中选择"常用函数"，从"选择函数"列表框中选择求和函数 SUM，单击"确定"按钮，弹出"函数参数"对话框，然后用鼠标到工作表中选定 D3:G3 单元格区域，则在参数输入框自动输入参数 D3:G3，单击"确定"按钮，运算结果被返回单元格 H3 中。然后将光标指向单元格 H3 的右下角，变成黑"＋"形状，按住鼠标左键向下拖动至 H10 单元格，释放鼠标左键结果如图 2-54 所示。

	H10		fx	=SUM(D10:G10)						
	A	B	C	D	E	F	G	H	I	J	K
1					学生课程成绩表						
2	学院	学号	姓名	数学	计算机	英语	体育	总分	平均分	加权分	等级
3	信息工程学院	2106040101	张三	80	90	72	91	333			
4	信息工程学院	2106040102	李四	78	96	86	86	346			
5	信息工程学院	2106040103	王五	90	98	92	87	367			
6	信息工程学院	2106040104	王二小	88	78	80	72	318			
7	建筑工程学院	2107030201	赵六	86	76	91	66	319			
8	建筑工程学院	2107030202	孙七	92	82	95	83	352			
9	机电工程学院	2108020301	钱八	83	89	78	68	318			
10	机电工程学院	2108020302	周九	87	92	85	85	349			
11		最高分									
12		最低分									

图 2-54　利用函数求每个学生的总分

（2）利用函数分别求出每个学生的"平均分"。

选定单元格 I3，单击编辑栏中的按钮，在"插入函数"对话框中，从"或选择类别"下拉列表框中选择"常用函数"，从"选择函数"列表框中选择求平均值函数 AVERAGE，单击"确定"按钮，弹出"函数参数"对话框，然后用鼠标到工作表中选定 D3:G3 单元格区域，则在参数输入框自动输入参数 D3:G3，单击"确定"按钮，运算结果被返回单元格 I3 中。然后将光标指向单元格 I3 的右下角，变成黑"+"形状，按住鼠标左键向下拖动至 I10 单元格，释放鼠标左键结果如图 2-55 所示。

	I10			fx	=AVERAGE(D10:G10)					
	A	B	C	D	E	F	G	H	I	J	K
1						学生课程成绩表					
2	学院	学号	姓名	数学	计算机	英语	体育	总分	平均分	加权分	等级
3	信息工程学院	2106040101	张三	80	90	72	91	333	83.25		
4	信息工程学院	2106040102	李四	78	96	86	86	346	86.5		
5	信息工程学院	2106040103	王五	90	98	92	87	367	91.75		
6	信息工程学院	2106040104	王二小	88	78	80	72	318	79.5		
7	建筑工程学院	2107030201	赵六	86	76	91	66	319	79.75		
8	建筑工程学院	2107030202	孙七	92	82	95	83	352	88		
9	机电工程学院	2108020301	钱八	83	89	78	68	318	79.5		
10	机电工程学院	2108020302	周九	87	92	85	85	349	87.25		
11		最高分									
12		最低分									

图 2-55　利用函数求每个学生的总分

（3）利用函数分别求出各门课程的"最高分"。

选定单元格 D11，单击编辑栏中的按钮，在"插入函数"对话框中，选择求最大值函数 MAX，单击"确定"按钮，弹出"函数参数"对话框，然后用鼠标到工作表中选定 D3:D10 单元格区域，则在参数输入框自动输入参数 D3:D10，单击"确定"按钮，运算结果被返回单元格 D11 中。然后将光标指向单元格 D11 的右下角，变成黑"+"形状，按住鼠标左键向右拖动至 G11 单元格，释放鼠标左键结果如图 2-56 所示。

	G11			fx	=MAX(G3:G10)					
	A	B	C	D	E	F	G	H	I	J	K
1						学生课程成绩表					
2	学院	学号	姓名	数学	计算机	英语	体育	总分	平均分	加权分	等级
3	信息工程学院	2106040101	张三	80	90	72	91	333	83.25		
4	信息工程学院	2106040102	李四	78	96	86	86	346	86.5		
5	信息工程学院	2106040103	王五	90	98	92	87	367	91.75		
6	信息工程学院	2106040104	王二小	88	78	80	72	318	79.5		
7	建筑工程学院	2107030201	赵六	86	76	91	66	319	79.75		
8	建筑工程学院	2107030202	孙七	92	82	95	83	352	88		
9	机电工程学院	2108020301	钱八	83	89	78	68	318	79.5		
10	机电工程学院	2108020302	周九	87	92	85	85	349	87.25		
11		最高分		92	98	95	91				
12		最低分									

图 2-56　利用函数求各门成绩的最高分

（4）利用函数分别求出各门课程的"最低分"。

选定单元格 D12，单击编辑栏中的按钮，在"插入函数"对话框中，选择求最小值函数 MIN，单击"确定"按钮，弹出"函数参数"对话框，然后用鼠标到工作表中选定 D3:D10 单元格区域，则在参数输入框自动输入参数 D3:D10，单击"确定"按钮，运算结果被返回单元格 D12 中。然后将光标指向单元格 D12 的右下角，变成黑"+"形状，按住鼠标左键向右拖动至 G12 单元格，释放鼠标左键结果如图 2-57 所示。

G12   fx =MIN(G3:G10)

	A	B	C	D	E	F	G	H	I	J	K
1					学生课程成绩表						
2	学院	学号	姓名	数学	计算机	英语	体育	总分	平均分	加权分	等级
3	信息工程学院	2106040101	张三	80	90	72	91	333	83.25		
4	信息工程学院	2106040102	李四	78	96	86	86	346	86.5		
5	信息工程学院	2106040103	王五	90	98	92	87	367	91.75		
6	信息工程学院	2106040104	王二小	88	78	80	72	318	79.5		
7	建筑工程学院	2107030201	赵六	86	76	91	66	319	79.75		
8	建筑工程学院	2107030202	孙七	92	82	95	83	352	88		
9	机电工程学院	2108020301	钱八	83	89	78	68	318	79.5		
10	机电工程学院	2108020302	周九	87	92	85	85	349	87.25		
11		最高分		92	98	95	91				
12		最低分		78	76	72	66				

图 2-57　利用函数求各门成绩的最低分

（5）利用公式求出"加权分"：加权分 = 数学 ×0.3+ 计算机 ×0.3 ＋英语 ×0.2 ＋体育 ×0.2。

① 选定 J3 单元格，在单元格内依次输入"＝"，选定 D3 单元格，输入"*0.3 ＋"；选定 E3 单元格，输入"*0.3 ＋"；选定 F3 单元格，输入"*0.2 ＋"；选定 G3 单元格，输入"*0.2"，按【Enter】键确定输入。

② 选定 J3 元格，将光标指向该单元格的右下角，变成黑"＋"形状，按住鼠标左键向下拖动至 J10 单元格，释放鼠标左键，结果如图 2-58 所示。

J10   fx =D10*0.3+E10*0.3+F10*0.2+G10*0.2

	A	B	C	D	E	F	G	H	I	J	K
1					学生课程成绩表						
2	学院	学号	姓名	数学	计算机	英语	体育	总分	平均分	加权分	等级
3	信息工程学院	2106040101	张三	80	90	72	91	333	83.25	83.6	
4	信息工程学院	2106040102	李四	78	96	86	86	346	86.5	86.6	
5	信息工程学院	2106040103	王五	90	98	92	87	367	91.75	92.2	
6	信息工程学院	2106040104	王二小	88	78	80	72	318	79.5	80.2	
7	建筑工程学院	2107030201	赵六	86	76	91	66	319	79.75	80	
8	建筑工程学院	2107030202	孙七	92	82	95	83	352	88	87.8	
9	机电工程学院	2108020301	钱八	83	89	78	68	318	79.5	80.8	
10	机电工程学院	2108020302	周九	87	92	85	85	349	87.25	87.7	
11		最高分		92	98	95	91				
12		最低分		78	76	72	66				

图 2-58　利用函数求各门成绩的加权分

（6）利用 IF 函数求出"等级"：总分超过 340 的记为"优秀"，其余记为"合格"。

① 选定 K3 单元格，输入"等级"的计算公式"=IF(H3>340,"优秀","良好")"，单击"√"按钮确定。

② 选定 K3 单元格，将光标指向该单元格的右下角，变成黑"＋"形状，按住鼠标左键向下拖动至 K10 单元格，释放鼠标左键，结果如图 2-59 所示。

K10   fx =IF(H10>340,"优秀","良好")

	A	B	C	D	E	F	G	H	I	J	K
1					学生课程成绩表						
2	学院	学号	姓名	数学	计算机	英语	体育	总分	平均分	加权分	等级
3	信息工程学院	2106040101	张三	80	90	72	91	333	83.25	83.6	良好
4	信息工程学院	2106040102	李四	78	96	86	86	346	86.5	86.6	优秀
5	信息工程学院	2106040103	王五	90	98	92	87	367	91.75	92.2	优秀
6	信息工程学院	2106040104	王二小	88	78	80	72	318	79.5	80.2	良好
7	建筑工程学院	2107030201	赵六	86	76	91	66	319	79.75	80	良好
8	建筑工程学院	2107030202	孙七	92	82	95	83	352	88	87.8	优秀
9	机电工程学院	2108020301	钱八	83	89	78	68	318	79.5	80.8	良好
10	机电工程学院	2108020302	周九	87	92	85	85	349	87.25	87.7	优秀
11		最高分		92	98	95	91				
12		最低分		78	76	72	66				

图 2-59　求出等级的数据表

4. 工作表的编辑和格式化

（1）设置标题字体为仿宋、18 号，其他字体为宋体、12 号。

① 选定"学生课程成绩表"所在的单元格，单击"开始"选项卡"字体"组中的"字体"和"字号"下拉按钮，选择"仿宋"和"18 号"。

② 选定其他文本所在的单元格，单击"开始"选项卡"字体"组中的"字体"和"字号"下拉按钮，选择"宋体"和"12 号"，如图 2-60 所示。

	A	B	C	D	E	F	G	H	I	J	K
1					学生课程成绩表						
2	学院	学号	姓名	数学	计算机	英语	体育	总分	平均分	加权分	等级
3	信息工程学院	2106040101	张三	80	90	72	91	333	83.25	83.6	良好
4	信息工程学院	2106040102	李四	78	96	86	86	346	86.5	86.6	优秀
5	信息工程学院	2106040103	王五	90	98	92	87	367	91.75	92.2	优秀
6	信息工程学院	2106040104	王二小	88	78	80	72	318	79.5	80.2	良好
7	建筑工程学院	2107030201	赵六	86	76	91	66	319	79.75	80	良好
8	建筑工程学院	2107030202	孙七	92	82	95	83	352	88	87.8	优秀
9	机电工程学院	2108020301	钱八	83	89	78	68	318	79.5	80.8	良好
10	机电工程学院	2108020302	周九	87	92	85	85	349	87.25	87.7	优秀
11		最高分		92	98	95	91				
12		最低分		78	76	72	66				

图 2-60　设置字体和字号

（2）设置 A11:C11 单元格合并居中，且设置 A12:C12 单元格合并居中，然后给工作表设置表格单框线，并将 A1:K2 单元格的内容加粗显示。

① 选中 A11:C11 单元格，单击"开始"的"合并居中"选项。之后再选中 A12:C12 单元格，单击"开始"的"合并居中"选项。

② 选定 A1:K12 区域，打开"设置单元格格式"对话框，选择"边框"选项卡，并在"预置"中选择"外边框"和"内部"，给所有数据区域添加外框线和内框线。

③ 选定 A1:K12 区域，按【Ctrl＋B】组合键将其内容加粗显示，如图 2-61 所示。

	A	B	C	D	E	F	G	H	I	J	K
1					学生课程成绩表						
2	学院	学号	姓名	数学	计算机	英语	体育	总分	平均分	加权分	等级
3	信息工程学院	2106040101	张三	80	90	72	91	333	83.25	83.6	良好
4	信息工程学院	2106040102	李四	78	96	86	86	346	86.5	86.6	优秀
5	信息工程学院	2106040103	王五	90	98	92	87	367	91.75	92.2	优秀
6	信息工程学院	2106040104	王二小	88	78	80	72	318	79.5	80.2	良好
7	建筑工程学院	2107030201	赵六	86	76	91	66	319	79.75	80	良好
8	建筑工程学院	2107030202	孙七	92	82	95	83	352	88	87.8	优秀
9	机电工程学院	2108020301	钱八	83	89	78	68	318	79.5	80.8	良好
10	机电工程学院	2108020302	周九	87	92	85	85	349	87.25	87.7	优秀
11		最高分		92	98	95	91				
12		最低分		78	76	72	66				

图 2-61　设置单元格合并居中、单元格框线和标题加粗显示等

（3）将平均分和有效分设置为保留 1 位小数位数，整张表所有内容水平垂直居中显示。

① 选定 I3:J10 单元格，右击并选择"设置单元格格式"选项，找到"数字"组中的"数值"分类，将小数位数改为 1。

② 单击单元格 A1:K1 左上角的三角形选定整张表，在"开始"选项中找到并单击"垂直居中""水平居中"两个按钮。结果如图 2-53 所示。

<table>
<tr><td>实训二</td><td>**WPS Excel 的基本操作（二）**</td></tr>
</table>

实训目的

（1）掌握 WPS Excel 数据的排序、筛选和分类汇总。

（2）掌握工作表的复制、移动、删除和重命名。

（3）熟练掌握数据图表化的方法。

（4）掌握图表及其数据的编辑和格式化。

实训内容

1. 新建文件夹

在 D 盘下建立学生文件夹，命名为"学号＋姓名"。

2. 新建工作簿

在学生文件夹中，新建工作簿 ex2.xlsx，Sheet1 工作表内容如图 2-62 所示，总分和平均分要求用函数或公式输入。

	A	B	C	D	E	F	G	H	I
1	序号	姓名	性别	数学	计算机	英语	体育	总分	平均分
2	1	张三	男	80	90	72	91	333	83.3
3	2	李四	女	78	90	86	86	340	85.0
4	3	王五	男	90	98	92	87	367	91.8
5	4	王二小	女	88	78	80	72	318	79.5
6	5	赵六	男	86	76	91	66	319	79.8
7	6	孙七	女	92	82	95	83	352	88.0
8	7	钱八	男	83	89	78	68	318	79.5
9	8	周九	女	87	92	85	85	349	87.3

图 2-62 数据清单

3. 数据管理

（1）将 Sheet1 标签名改为"学生成绩表"。

（2）为"学生成绩表"做一个备份，命名为"总分排序"，将数据清单按"总分"降序排序。

（3）为"学生成绩表"做一个备份，命名为"多条件排序"，将数据清单按"计算机"为主要关键字升序、"数学"为次要关键字降序排序。

（4）为"学生成绩表"做一个备份，命名为"自动筛选"，使用自动筛选功能筛选出"总分"小于 345 分的记录。

（5）为"学生成绩表"做一个备份，命名为"高级筛选"，使用高级筛选功能筛选出"总分"大于 345 分或"计算机"大于 80 分的女生。

（6）为"学生成绩表"做一个备份，命名为"分类汇总"，按"性别"求"总分"的平均值。

4. 数据的图表化

（1）在"学生成绩表"中，建立学生各门课成绩的簇状柱形图。

（2）将图表标题设为"学生成绩表"，黑体、蓝色、20 号。

（3）存盘退出。

实训样式

实训样式如图 2-63 所示。

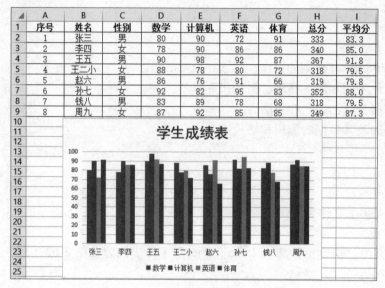

	A	B	C	D	E	F	G	H	I
1	序号	姓名	性别	数学	计算机	英语	体育	总分	平均分
2	1	张三	男	80	90	72	91	333	83.3
3	2	李四	女	78	90	86	86	340	85.0
4	3	王五	男	90	98	92	87	367	91.8
5	4	王二小	女	88	78	80	72	318	79.5
6	5	赵六	男	86	76	91	66	319	79.8
7	6	孙七	女	92	82	95	83	352	88.0
8	7	钱八	男	83	89	78	68	318	79.5
9	8	周九	女	87	92	85	85	349	87.3

图 2-63　实训样式

步骤提示

1. 新建文件夹

在 D 盘下建立学生文件夹，命名为"学号＋姓名"。

打开 D 盘，右击，选择"新建"→"文件夹"命令，输入"学号＋姓名"的文件夹名字。

2. 新建工作簿

在学生文件夹中，新建工作簿 ex2.xlsx，Sheet1 工作表内容如图 2-62 所示。

（1）选择"开始"→"最近添加"→"WPS Office"→"左上角'＋'符号"→"新建表格"→"新建空白表格"。

（2）选定单元格，依次输入并选用适当的公式生成如图 2-62 所示的内容。

（3）单击"文件"选项卡中的"另存为"按钮，弹出"另存为"对话框，单击"保存位置"下拉列表，选择 D 盘，双击自己的文件夹；在"文件名"文本框中输入该文件的名字 ex2；在"保存类型"下拉列表框中选择"Excel 工作簿（*.xlsx）"；单击"保存"按钮。

3. 数据管理

（1）将 Sheet1 标签名改为"学生成绩表"。右击工作表标签名 Sheet1，选择"重命名"命令，输入新的标签名"学生成绩表"。

（2）为"学生成绩表"做一个名为"总分排序"的备份，并按"总分"降序排序。

① 右击"学生成绩表"，选择"创建副本"命令，在新的副本上右击，选择"重命名"命令，将之重命名为"总分排序"。

② 选定 H2:H9 中的任一单元格，单击"数据"选项卡"排序"组中的"降序"按钮，结果如图 2-64 所示。

	A	B	C	D	E	F	G	H	I
1	序号	姓名	性别	数学	计算机	英语	体育	总分	平均分
2	3	王五	男	90	98	92	87	367	91.8
3	6	孙七	女	92	82	95	83	352	88.0
4	8	周九	女	87	92	85	85	349	87.3
5	2	李四	女	78	90	86	86	340	85.0
6	1	张三	男	80	90	72	91	333	83.3
7	5	赵六	男	86	76	91	66	319	79.8
8	4	王二小	女	88	78	80	72	318	79.5
9	7	钱八	男	83	89	78	68	318	79.5

图 2-64　按总分降序排序

（3）为"学生成绩表"做一个名为"多条件排序"的备份，将数据清单按"计算机"为主要关键字升序、"数学"为次要关键字降序排序。

① 右击"学生成绩表"，选择"创建副本"命令，在新的副本上右击，选择"重命名"命令，将之重命名为"多条件排序"。

② 选定A1:I9中的任一单元格，单击"数据"选项卡"排序"组中的"自定义排序"按钮，弹出"排序"对话框，设置"计算机"为主要关键字升序，设置"数学"为次要关键字降序，如图2-65所示。

图 2-65　"排序"对话框

③ 单击"确定"按钮，结果如图 2-66 所示。

	A	B	C	D	E	F	G	H	I
1	序号	姓名	性别	数学	计算机	英语	体育	总分	平均分
2	5	赵六	男	86	76	91	66	319	79.8
3	4	王二小	女	88	78	80	72	318	79.5
4	6	孙七	女	92	82	95	83	352	88.0
5	7	钱八	男	83	89	78	68	318	79.5
6	1	张三	男	80	90	72	91	333	83.3
7	2	李四	女	78	90	86	86	340	85.0
8	8	周九	女	87	92	85	85	349	87.3
9	3	王五	男	90	98	92	87	367	91.8

图 2-66　多条件排序结果

（4）为"学生成绩表"做一个备份，命名为"自动筛选"，使用自动筛选功能筛选出"总分"小于 345 分的记录。

① 右击"学生成绩表"，选择"创建副本"命令，在新的副本上右击，选择"重命名"命令，将之重命名为"自动筛选"。

② 在"自动筛选"工作表中，选定 A1-I9 中的任一单元格，单击"数据"选项卡中的"筛选"按钮；然后单击"总分"列标题的下拉按钮，单击"数字筛选"→"自定义筛选"按钮，弹出"自定义自动筛选方式"对话框，设置显示行总分小于 345 分。

③ 单击"确定"按钮，结果如图 2-67 所示。

	A	B	C	D	E	F	G	H	I
1	序号	姓名	性别	数学	计算机	英语	体育	总分	平均分
2	1	张三	男	80	90	72	91	333	83.3
3	2	李四	女	78	90	86	86	340	85.0
5	4	王二小	女	88	78	80	72	318	79.5
6	5	赵六	男	86	76	91	66	319	79.8
8	7	钱八	男	83	89	78	68	318	79.5

图 2-67　自动筛选结果

（5）为"学生成绩表"做一个备份，命名为"高级筛选"，使用高级筛选功能筛选出"总分"大于 345 分或"计算机"大于 80 分的女生。

① 右击"学生成绩表"，选择"创建副本"命令，在新的副本上右击，选择"重命名"命令，将之重命名为"高级筛选"。

② 筛选条件的设置：在"高级筛选"工作表中，选择 C11-C13 单元格，依次输入"性别""计算机""总分"，筛选条件可设置为"性别为女且计算机分数大于 80 分"或"性别为女且总分大于 345 分"，所以可在单元格 C12 中输入"女"，单元格 D12 中输入">80"；在单元格 C13 中输入"女"，单元格 E13 中输入">345"。

③ 选定 A1:I9 的任一单元格，单击"数据"选项卡中的"筛选"→"高级筛选"按钮，弹出"高级筛选"对话框，"列表区域"自动确定为"高级筛选 !$A$1:$I$9"，选中条件区域为"高级筛选 !$C$11:$E$13"，并设置在原有区域显示筛选结果，如图 2-68 所示。

图 2-68　高级筛选设置条件和列表区域

④ 单击"确定"按钮，结果如图 2-69 所示。

	A	B	C	D	E	F	G	H	I
1	序号	姓名	性别	数学	计算机	英语	体育	总分	平均分
3	2	李四	女	78	90	86	86	340	85.0
7	6	孙七	女	92	82	95	83	352	88.0
9	8	周九	女	87	92	85	85	349	87.3
10									
11			性别	计算机	总分				
12			女	>80					
13			女		>345				

图 2-69　"高级筛选"结果

（6）为"学生成绩表"做一个备份，命名为"分类汇总"，按"性别"求"总分"的平均值。

① 右击"学生成绩表"，选择"创建副本"命令，在新的副本上右击，选择"重命名"命令，将之重命名为"分类汇总"。

② 选定 C1:C9 的任一单元格，单击"数据"选项卡中的"排序"→"升序"按钮，将所有记录按"性别"进行升序排序。

③ 选定 A1:I9 的任一单元格，单击"数据"选项卡中"分类汇总"按钮，弹出"分类汇总"对话框。

④ 在"分类字段"中选择"性别"，在"汇总方式"中选择"平均值"，在"选定汇总项"中选择"总分"，如图 2-70 所示。

⑤ 单击"确定"按钮，分类汇总结果如图 2-71 所示。

图 2-70 "分类汇总"对话框

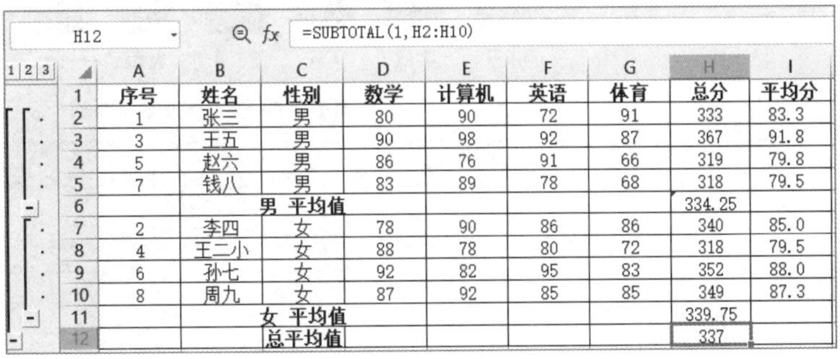

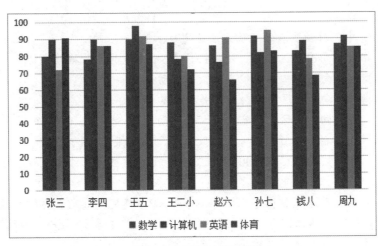

图 2-71 "分类汇总"结果

4. 数据的图表化

（1）在"学生成绩表"中，建立学生各门课成绩的簇状柱形图。

在"学生成绩表"中，选定 B1:B9 单元格区域，按住【Ctrl】键继续选定 D1:G9 单元格区域，然后单击"插入"选项卡"图表"组中的"柱形图"按钮，选择"簇状柱形图"。结果如图 2-72 所示。

图 2-72 簇状柱形结果

（2）将图表标题设为"学生成绩表"，黑体、蓝色、20 号。

鼠标左键选中簇状柱形图，在"图标工具"中添加图表标题元素，并设置于图表上方，更改图表标题为"学生成绩表"，在"开始"选项"字体"组中设置黑体、蓝色、20 号，如图 2-73 所示。

（3）存盘退出。

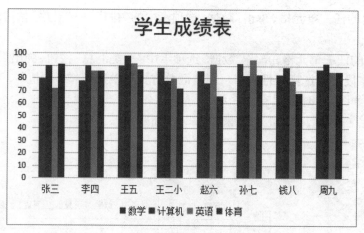

图 2-73 添加标题后的簇状柱形效果图

习题二

一、选择题

1. 在 WPS Excel 中，某工作表 D2 单元格中，含有公式 "=A2+B2-C2"，则将 D2 单元格复制到该表的 D3 单元格时，D3 单元格中的公式应是（　　　）。

    A. =A2+B2-C2　　　　　　　　　　　　B. =A3+B3-C3

    C. =B2+C2-D2　　　　　　　　　　　　D. 无法复制

2. 在 WPS Excel 中，移动图表的正确方法是（　　　）。

    A. 将鼠标指针指向图表区的空白处，按住【Ctrl】键的同时拖动鼠标

    B. 将鼠标指针指向图表四周的控点上，并拖动鼠标

    C. 将鼠标指针指向图表区的空白处，并拖动鼠标

    D. 将鼠标指针指向图表区的非空白处，并拖动鼠标

3. 选择"格式"工具栏里的货币符号为人民币符，2000 将显示为（　　　）。

    A. #2000　　　　　　B. $2000　　　　　　C. ￥2000　　　　　　D. &2000

4. 在 WPS Excel 中建立图表时，一般（　　　）。

    A. 先输入数据，再建立图表　　　　　　B. 建完图表后，再输入数据

    C. 在输入的同时，建立图表　　　　　　D. 首先建立一个图表标签

5. 为了取消分类汇总的操作，必须（　　　）。

    A. 删除分类汇总后的工作表

    B. 按【Delete】键

    C. 在分类汇总对框中单击"全部删除"按钮

    D. 上述选项都不可以

6. 在对 WPS Excel 工作表的数据清单进行排序时，下列说法中不正确的是（　　　）。

  A. 可以按指定的关键字递增或递减排序

  B. 最多可以指定三个排序关键字

  C. 不可以指定本数据清单以外的字段作为排序关键字

  D. 可以指定数据清单中的任意多个字段作为排序关键字

7. 在 WPS Excel 工作表中，当前单元格的填充句柄在其（　　　　）。

  A. 左上角　　　　　　B. 右上角　　　　　　C. 左下角　　　　　　D. 右下角

8. 下面有关 WPS Excel 工作表、工作簿的说法中，正确的是（　　　　）。

  A. 一个工作簿可包含多个工作表，默认工作表名为 Sheet1/Sheet2/Sheet3

  B. 一个工作簿可包含多个工作表，默认工作表名为 Book1/Book2/Book3

  C. 一个工作表可包含多个工作簿，默认工作表名为 Sheet1/Sheet2/Sheet3

  D. 一个工作表可包含多个工作簿，默认工作表名为 Book1/Book2/Book3

9. 若在单元格中出现一连串的"###"符号，则需（　　　　）。

  A. 重新输入数据　　　　　　　　　　　B. 调整单元格的宽度

  C. 删去该单元格　　　　　　　　　　　D. 删去这些符号

10. 在 WPS Excel 中，将学生成绩单中所有不及格的成绩用醒目的方式表示（如用红色显示），利用（　　　　）命令最为方便。

  A. 查找　　　　　　　B. 条件格式　　　　　　C. 数据筛选　　　　　　D. 定位

11. 在 WPS Excel 中，单元格的格式（　　　　）。

  A. 一旦确定，将不可更改

  B. 随时可更改

  C. 依输入数据的格式而定，并不能改变

  D. 更改后，将不可更改

12. 在 WPS Excel 中，A1 单元格设定其数字格式为整数，当输入"33.51"时显示为（　　　　）。

  A. 33.51　　　　　　B. 33　　　　　　C. 34　　　　　　D. ERROR

13. 在 Excel 的当前工作簿中含有七个工作表，当"保存"工作簿时，（　　　　）。

  A. 保存为一个文件

  B. 保存为七个文件

  C. 当以 .xls 为扩展名保存时，保存为一个文件，其他扩展名进行保存则为七个文件

  D. 由操作者决定保存为一个或多个文件

14. 如果某个单元格显示为若干"#"号，这表示（　　　　）。

  A. 公式错误　　　　　B. 格式错误　　　　　C. 行高不够　　　　　D. 列宽不够

15. 数值型数据的默认对齐方式是（　　　　）。

  A. 右对齐　　　　　　B. 左对齐　　　　　　C. 居中　　　　　　D. 两端对齐

16. 已在 WPS Excel 某工作表的 F1、G1 单元格中分别填入了 3.5 和 4.5，并将这两个单元格选定，然后向左拖动填充柄，在 E1、D1、C1 中分别填入的数据是（　　　　）。

  A. 0.5、1.5、2.5　　　　　　　　　　　B. 2.5、1.5、0.5

  C. 3.5、3.5、3.5　　　　　　　　　　　D. 4.5、4.5、4.5

17. 给 WPS Excel 工作表改名的正确操作是（　　　　）。

    A.　右击工作表标签条中某个工作表名，从弹出菜单中选择"重命名"

    B.　单击工作表标签条中某个工作表名，从弹出菜单中选择"插入"

    C.　右击工作表标签条中某个工作表名，从弹出菜单中选择"插入"

    D.　单击工作表标签条中的某个工作表名，从弹出菜单中选择"重命名"

18. 在 WPS Excel 中，要将有数据且设置了格式的单元格恢复为普通空单元格，应先选定该单元，然后使用（　　　　）。

    A.【Delete】键

    B.　快捷菜单的"删除"命令

    C.　快捷菜单中的"清除内容"→"格式"命令

    D.　工具栏的"剪切"按钮

19. WPS Excel 中引用单元格时，单元格名称中列标前加上"$"符，而行标前不加；或者行标前加上"$"符，而列标前不加，这属于（　　　　）。

    A.　相对引用　　　　　　　　　　　　B.　绝对引用

    C.　混合引用　　　　　　　　　　　　D.　上述选项都不正确

20. 在 WPS Excel 中，使用填充柄填充具有增减性的数据时（　　　　）。

    A.　向右或向下拖时，数据减　　　　　B.　数据不会改变

    C.　向右或向下拖时，数据增　　　　　D.　向左或向上拖时，数据增

21. 如果数据区中的数据发生了变化，Excel 中已产生的图表会（　　　　）。

    A.　根据变化的数据自动改变　　　　　B.　不变

    C.　会受到破坏　　　　　　　　　　　D.　关闭 Excel

22. 在 WPS Excel 中，在进行分类汇总前必须（　　　　）。

    A.　先按欲分类汇总的字段进行排序

    B.　先对符合条件的数据进行筛选

    C.　先排序、再筛选

    D.　各选项都不需要

23. 若在 Excel 的同一单元格中输入的文本有两个段落，则在第一段落输完后应按（　　　　）键。

    A.【Enter】　　　　　B.【Ctrl+Enter】　　　　C.【Alt+Enter】　　　　D.【Shift+Enter】

24. 在 WPS Excel 中，"页面布局"中的"纸张方向"标签的页面方向有（　　　　）。

    A.　纵向和垂直　　　　　　　　　　　B.　纵向和横向

    C.　横向和垂直　　　　　　　　　　　D.　垂直和平行

25. Excel 中，要查找数据清单中的内容可以通过筛选功能（　　　　）包含指定内容的数据行。

    A.　部分隐藏　　　　B.　只隐藏　　　　C.　只显示　　　　D.　部分显示

26. WPS Excel 中，要在公式中使用某个单元格的数据时，应在公式中输入该单元格的（　　　　）。

    A.　格式　　　　　　B.　附注　　　　C.　条件格式　　　　D.　名称

27. 准备在一个单元格内输入一个公式，应先输入先导符号（　　　　）。

    A.　$　　　　　　　　　B.　>　　　　　　　　C.　<　　　　　　　　D.　=

28. 若需计算 WPS Excel 某工作表中 A1、B1、C1 单元格的数据之和，需使用下述计算公式（　　　　）。

A. =count(A1:C1)　　　　　　　　B. =sum(A1:C1)

C. =sum(A1,C1)　　　　　　　　　D. =max(A1:C1)

29.在 WPS Excel 数据清单中,按某一字段内容进行归类,并对每一类作出统计的操作是(　　　)。

A. 分类排序　　　　B. 分类汇总　　　　C. 筛选　　　　　　D. 记录单处理

30.在 WPS Excel 中, C7 单元格中有绝对引用 =AVERAGE($C$3:$C$6),把它复制到 C8 单元格后,双击它单元格中显示(　　　)。

A. =AVERAGE(C3:C6)　　　　　　B. =AVERAGE($C$3:$C$6)

C. =AVERAGE($C$4:$C$7)　　　　D. =AVERAGE(C4:C7)

二、判断题

1.在 WPS Excel 中,利用格式刷复制的仅仅是单元格的格式,不包括内容。　　　　　(　　)

A. 正确　　　　　　　　　　　　B. 错误

2.在 WPS Excel 作业时使用保存命令会覆盖原先的文件。　　　　　　　　　　　　(　　)

A. 正确　　　　　　　　　　　　B. 错误

3.在 WPS Excel 中单击加号"+"创建文件,则第一次存储该文件时,选择"保存"还是"另存为"没有区别,都需选择位置保存文件。　　　　　　　　　　　　　　　　　　　　(　　)

A. 正确　　　　　　　　　　　　B. 错误

4.在 WPS Excel 中,如果要查找数据清单中的内容,可以通过筛选功能,它可以实现只显示包含指定内容的数据行。　　　　　　　　　　　　　　　　　　　　　　　　　(　　)

A. 正确　　　　　　　　　　　　B. 错误

5.在 WPS Excel 的单元格格式对话框中可以设置字体。　　　　　　　　　　　　　(　　)

A. 正确　　　　　　　　　　　　B. 错误

模块三

WPS 演示文稿制作及应用

办公自动化中演示文稿是利用先进的科学技术，不断使人们的一部分办公业务活动以图、文、声并茂的形式展示到投影设备中，此类文稿的处理与图文设计则需要用到 WPS Office 办公软件中的重要组件演示文稿。它是目前国内演示文稿主流处理软件，利用它可以方便、快捷地制作集文字、图形、声音、动画的多媒体演示文稿。

 本模块学习目标

知识目标：
了解 WPS 演示文稿的应用范围、主要功能及制作方法。

能力目标：
会使用 WPS 演示文稿工具制作、设计幻灯片、制作动画以及播放方面的主要功能。

素质目标：
培养执着专注、精益求精、严谨细致的工匠精神与爱国情怀。

任务一　演示文稿的智能设计

任务描述

制作一个介绍"大学生创新创业项目计划书"的演示文稿，如图 3-1 ~图 3-6 所示。

图 3-1　第一张

图 3-2　第二张

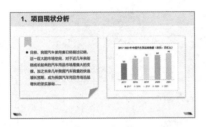

图 3-3　第三张

图 3-4　第四张

图 3-5　第五张

图 3-6　第六张

视　频

模块三
WPS演示文
稿的智能设计

知识链接

WPS 演示文稿处理软件的使用要了解的知识要点：

（一）WPS 演示文稿的软件启动

首先双击启动 WPS Office 软件图标，选择"首页"选项卡→"新建"→"新建演示"命令，即可启动 WPS 演示文稿。

（二）WPS 演示文稿的工作界面

软件启动后默认显示普通视图，如图 3-7 所示。该视图的工作界面与 WPS 文字、WPS 表格的窗口结构基本相同，也是由标题栏、功能区、工作区、状态栏等组成，不同的是工作区，普通视图的工作区分为左右两部分，左边窗格用于显示演示文稿的页，有幻灯片和大纲两种显示方式，"幻灯片"方式是显示演示文稿的所有幻灯片的缩略图，适合用于浏览幻灯片的大致外观，并对幻灯片进行删除、复制和调整顺序等管理。"大纲"方式是显示演示文稿幻灯片中的文本内容，其他对象不显示出来，利用大纲窗格，可以浏览整个演示文稿的纲目结构全局，是文本内容交换的最佳视图方式。右边窗格则为左边窗格所选择幻灯片的内容显示区，用于幻灯片的内容显示和制作，其下方则为备注区，用户可以在此为幻灯片添加需要的备注内容，备注内容播放时不显示。

图 3-7　WPS 演示文稿界面

（三）WPS 演示文稿的创建

演示文稿的创建可以通过先启动 WPS Office 软件后创建新的演示文稿，然后在打开的窗口中可以建立空白演示文稿、模板演示文稿和打开现有演示文稿等，其中，空白演示文稿由软件启动时默认自动创建，名称为"演示文稿 1"。

（四）WPS 幻灯片设计

幻灯片设计实际上就是幻灯片的整个版面风格，在演示文稿中的"智能美化"功能很强大，起着美化外观、统一风格的作用，所以建立空白演示文稿后一般需要为其添加一个主题。主题可以自行设计，也可以直接选择软件内置的主题模板。选择内置主题模板的方法是：单击菜单栏中的"设计"选项卡，然后在"智能美化"功能区下包含了有"全文换肤""统一版式""智能配色""统一字体"的四大功能，单击选择一种即可。每个主题模块都对应着多种样式，如图 3-8 所示。

图 3-8　全文美化界面

（五）选择幻灯片版式

幻灯片版式就是幻灯片的布局，通过幻灯片版式的设置可以确定添加的对象以及各对象的布局位置，方法是：单击"开始"选项卡下的开始"版式"按钮，在打开列表中，选择自己需要的一种幻灯片版式即可，如图3-9所示。

图3-9　选择幻灯片版式

（六）在幻灯片中输入文本内容

幻灯片可以通过占位符的方式输入文本内容，幻灯片版式中占位符都有输入提示的信息，包括"输入文本提示"和"插入内容提示"，也可通过"插入"选项卡中的命令按钮实现表格、图表、图片、图形等对象的插入。

1. 输入文本提示

占位符内显示"输入文本提示"则说明该占位符用于输入文本，按要求直接输入文本即可，当然，不通过占位符也可以输入文本，方法是先插入文本框后再输入文本。

2. 插入内容提示

占位符内显示"插入内容提示"则可通过占位符内图标添加表格、图表、图片、剪贴画、SmartArt图形、和媒体剪辑等六种内容。

（1）插入表格：切换到"插入"选项卡，单击下拉菜单中的"插入表格"按钮，输入相应的行列数，单击"确定"即生成一表格，也可滑动鼠标，在表格区自动选择行列数，如图3-10所示。

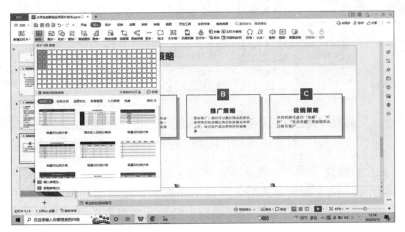

图3-10　插入表格

接着在"表格样式"选项卡中单击"预设样式"对话框中选择相应的表格样式，如图 3-11 所示。

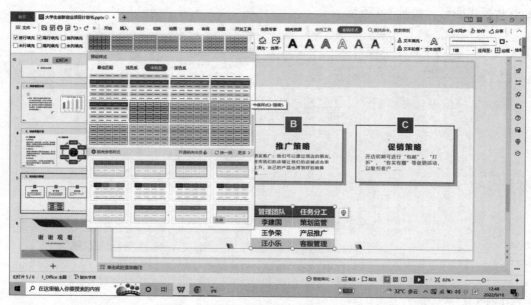

图 3-11　插入表格

注意：默认情况下生成的表格是不带任何边框的，可单击"设计"选项卡下的"边框"按钮进行边框添加，如图 3-12 所示。

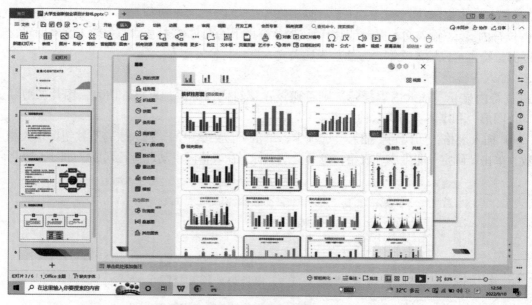

图 3-12　插入图表

（2）插入图表：切换到"插入"选项卡，单击"图表"按钮，在弹出的对话框中选择一种图表样式，如图 3-12 所示，确定图表样式后，可以右击图表，在弹出的窗口中单击"编辑数据"按扭即可改变表格的数据内容，可以在图表处理面板中轻松改变图表数据，如图 3-13 所示。

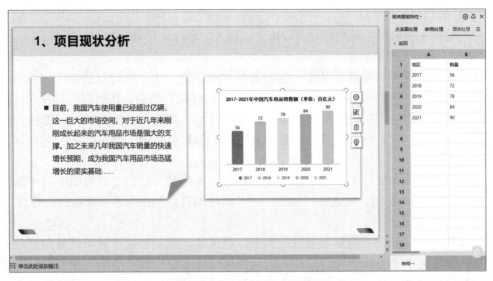

图 3-13　图表处理：修改数据

（3）插入图片：切换到"插入"选项卡，单击"图片"按钮，选择所需的图片即可（与 WPS 文字处理软件的操作方法一致）。

（4）插入智能图形：切换到"插入"选项卡，单击"智能图形"按钮，在弹出的"智能图形"对话框中，选择合适的图形即可，如图 3-14 所示。

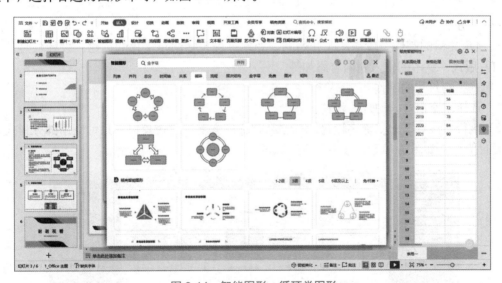

图 3-14　智能图形：循环类图形

（5）插入图标：切换到"插入"选项卡，单击"图标"按钮，在弹出的"图标"对话框中，选择需要的图标即可。

（6）插入流程图：切换到"插入"选项卡，单击"流程图"按钮，在弹出的"流程图"对话框中，选择需要的流程图即可。

（7）插入音频、视频文件：切换到"插入"选项卡，单击"音频"或"视频"按钮，即可插入想要的音频或视频文件。

3. 幻灯片的编辑和格式化

幻灯片的编辑主要包括：对幻灯片进行选定、插入、删除、移动和复制等操作。

（1）插入、删除幻灯片。

制作演示文稿的过程实际就是制作一张张幻灯片的过程，当一张幻灯片制作完成后，要制作下一张幻灯片，就可用 WPS 演示文稿提供的插入"新幻灯片"功能，在当前幻灯片之后插入下一张"新幻灯片"。方法是：在幻灯片视图中，单击"开始"选项卡，然后单击"新建幻灯片"按钮或者选定某一张幻灯片，然后按【Enter】键或【Ctrl+M】组合键，就可以在当前幻灯片之后插入一张新的幻灯片。

当然，也可以将演示文稿中不需要的幻灯片删除。方法是：在幻灯片视图中选中需要删除的幻灯片，然后按【Delete】键，或选择"编辑"→"删除幻灯片"命令即可删除该幻灯片。

（2）移动、复制幻灯片。

演示文稿的幻灯片顺序可根据需要进行调整，通过移动和复制操作重新调整幻灯片的播放顺序。方法是：首先选中需要移动的幻灯片，然后利用快捷菜单中的"剪切"和"粘贴"命令，或者直接将幻灯片拖动到需要的位置就可以改变幻灯片的排列顺序。复制与移动操作相似，可以利用快捷菜单，也可以在拖动幻灯片的同时按住【Ctrl】键实现复制操作。

幻灯片的格式化就是指对幻灯片的标题、文本和内容进行的格式设置，与 WPS 文字处理文档格式化设置基本相同，这里不再重复。

任务实施

1. 任务分析

普通演示文稿的制作一般是从头开始的，处理过程包括演示文稿的创建、设计幻灯片主题、选择幻灯片版式、文本的输入和内容添加等。

2. 第一张幻灯片的制作

（1）选择"空白"的幻灯片版式。

（2）执行"设计"→"更多设计"→"品牌推广方案"样式模板（只可使用部分样式，全套样式需要付费），如图 3-15 所示。

图 3-15　智能美化模板

（3）修改文字内容、文字样式、微调布局，如图 3-16 所示。

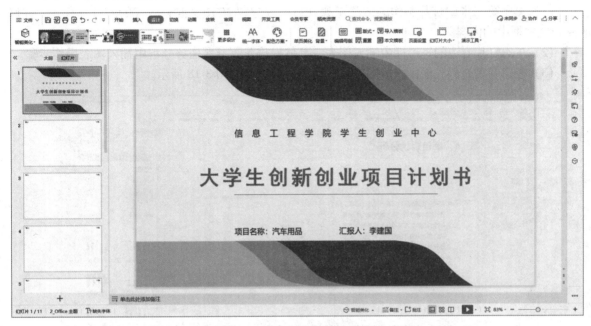

图 3-16 第一张幻灯片内容详情

3. 第二张幻灯片的制作

（1）选择"设计"选项卡面板中的"版式"按钮，或是右击幻灯片，选择"版式"命令，如图 3-17 所示。

（2）修改文本框中的内容。

图 3-17 幻灯片版式

4. 第三张幻灯片的制作

（1）参照第二张幻灯片制作的方法步骤（1），选择左右图文混合版式的幻灯片样式，并修改左边文本框中的内容。

（2）在幻灯片右边的矩形框中插入图表，具体操作步骤参照任务分析中插入图表操作步骤。

（3）在"图表处理"面板修改图表样式与图表数据，如图 3-18 所示。

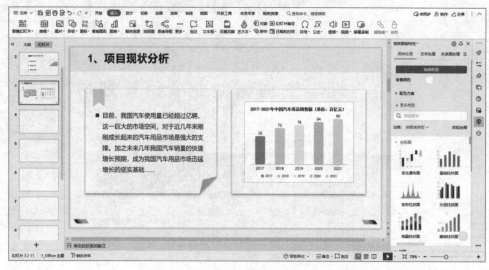

图 3-18　幻灯片的图表处理

5. 第四张幻灯片的制作

（1）参照第二张幻灯片制作的方法步骤（1），选择段落分栏版式的幻灯片样式，并修改左边文本框中的内容。

（2）编辑右栏文字区，删除默认文字版本，插入"智能图形"对话框中的"连续循环"图形，如图 3-19 所示。

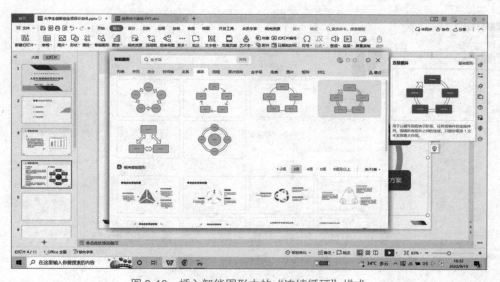

图 3-19　插入智能图形中的"连续循环"样式

（3）编辑循环图形中的内容，并调整大小与颜色（参照模板的颜色），如图 3-20 所示。

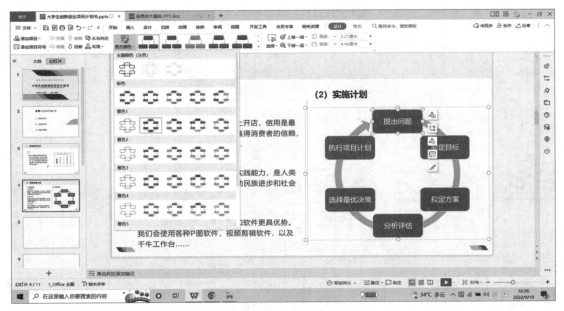

图 3-20　优化智能图形的大小与颜色

（4）在"循环图形"中间插入一张图片，并将其裁剪成正圆，接着添加图片边框即可，如图 3-21 所示。

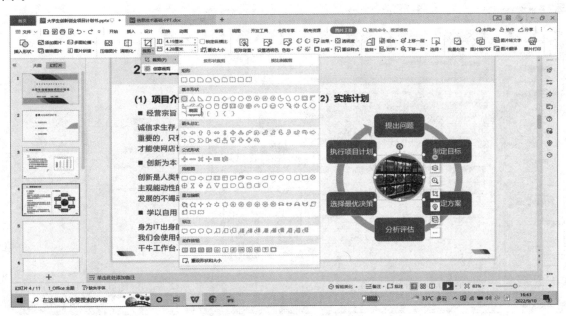

图 3-21　裁剪图片为圆形

6. 第五张幻灯片的制作

（1）参照第二张幻灯片制作的方法步骤（1），选择三张卡片版式的幻灯片样式，如图 3-22 所示，并修改卡片中文本框中的内容。

图 3-22　三张卡片版式

（2）调整卡片位置，在卡片下面的区域添加表格，在"插入"选项卡中，单击"表格"按钮，插入 2 列 4 行的表格，输入文字，并调整文字与表格样式，如图 3-23 所示。

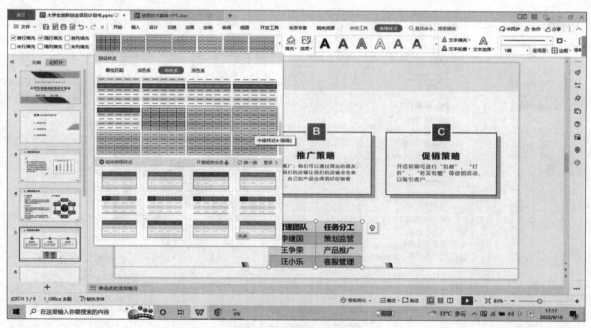

图 3-23　调整表格样式

7. 第六张幻灯片的制作

（1）复制首张幻灯片。

（2）修改幻灯片中文字的内容。

任务二　演示文稿的动态设计

📝 任务描述

设置"大学生创新创业项目计划书"演示文稿的动态效果，要求如下：

（1）为第一张幻灯片的大标题、小标题分别添加"进入→飞入，效果→自左侧"，并为大标题添加"强调→放大 120%"的动画效果。

（2）为第二张幻灯片的目录添加"切入→自底部，速度→非常快 0.5 秒"效果的动画效果，并设置动画自动播放（设置"开始"为"与上一个动画同时"）。

（3）为第三张幻灯片的左边本文本框添加"擦除→自左侧，速度→非常快 0.5 秒，动画文本→按字母（字母间延迟 5%）"的动画效果，并设置动画自动播放（设置"开始"为"与上一个动画同时"）。

（4）为第四张幻灯片的左边的标题与正文同时添加"擦除→自左侧，速度→非常快 0.1 秒，动画文本→按字母（字母间延迟 5%）"的动画效果，并设置动画单击播放（设置"开始"为"单击时"），为右边的圆形图片为"出现"效果（与上一个动画之后出现），右边的智能图形添加"圆形扩展→自左侧，速度→中速 2 秒（设置"开始"为"与上一个动画同时"）"。

（5）为第五张幻灯片中的卡片添加"飞入→自底部，速度→非常快 0.5 秒（设置'开始'为'上一个动画之后'）"的动画效果（说明：因卡片是模板中的样式，需要分别按住【Shift】键选中每一张卡片中的元素，再统一一起设置"飞入"效果，与上一个动画同时），并设置卡片间过渡动画为自动播放（设置"开始"为"与上一个动画之后"），最后设置表格为"飞入"效果。

（6）为第六张幻灯片中的大标题添加"飞入→自左侧"的动画效果。

🗡 知识链接

用于播放的演示文稿一般要设置动画效果，否则与播放 WPS 文字没什么两样，演示文稿动画设置通常包括自定义动画、幻灯片切换、设置超链接。

（一）自定义动画

自定义动画是一种预设的幻灯片中各对象在播放时的动态显示效果。WPS 演示文稿提供的动画方案有进入动画、强调动画、退出动画和动作路径动画四类。

1. 添加动画效果

选择幻灯片上要添加动画效果的对象，然后切换到"动画"选项卡，在功能区将提供多种动画方式的按钮，从中选择一种动画效果即可。单击"动画窗格"可以调出动画面板属性，可以详细设计对象的动画顺序与动画效果，单击"效果选项"按钮可更改方向等，还可单击"预览"按钮查看动画的预设效果，如图 3-24 所示。

视　频

模块三
WPS演示文稿的动态设计

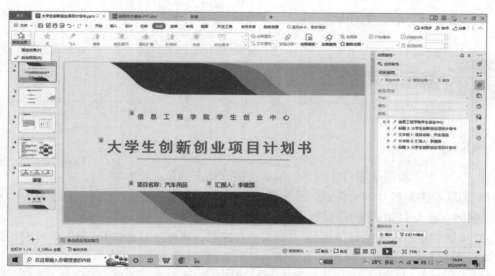

图 3-24　动画窗格面板

2. 添加多个动画效果

一个对象可以设置多个动画效果，方法是选择幻灯片上要添加多个动画效果的对象，然后单击"动画"→"高级动画"→"添加动画"下拉按钮，单击需要添加的效果即可。设置了多个动画效果可选择"动画窗格"面板→"添加效果"命令，即可打开多种动画效果对话框（包括"进入"动画、"强调"动画、"退出"动画、"动作路径"动画等），如图 3-25 所示，还可以更改动画顺序和删除动画效果。

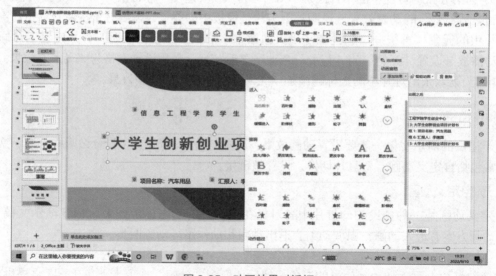

图 3-25　动画效果对话框

（二）设置幻灯片切换

幻灯片切换是指从一张幻灯片过渡到另一张幻灯片的转换方式，设置幻灯片切换可以在幻灯片放映时获取较好的转换动画效果。幻灯片切换设置方法是：在幻灯片视图中，选中准备设置切换方式的幻灯片，选择"切换"选项卡，则在功能区显示各切换方式按钮，单击选择所需的方式，打开"幻灯片切换"任务窗格，如图 3-26 所示。

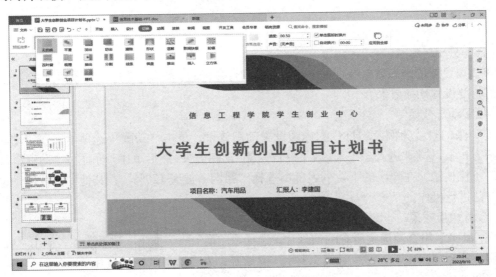

图 3-26 "幻灯片切换"效果设置

在切换效果的右边功能区，可以设置"速度""声音""换片方式"等选项，设置完幻灯片切换效果后，单击"预览"按钮，就可以在当前视图中浏览幻灯片的动画效果。

（三）设置超链接

超链接可以使内容或对象之间自动跳转，幻灯片放映时，为了便于内容或对象之间的自动跳转，经常在幻灯片中设置超链接。设置超链接方法是：首先选定需设置超链接的对象，然后选择"插入"选项，在功能区单击"超链接"按钮，如图 3-27 所示。

图 3-27 "幻灯片切换"效果设置

弹出"插入超链接"对话框，在对话框中选择超链接的相应位置，然后单击"确定"按钮，便可为所选对象创建超链接。也可以通过选择"插入"→"动作"命令，在"动作设置"对话框中为所选对象创建超链接。

创建好超链接后，当幻灯片放映时，将鼠标指针移到下划线显示处，就会出现一个超链接标志（鼠标指针变成小手形状），单击鼠标（即激活超链接），幻灯片就跳转到超链接所设置的相应位置，如果链接的是另一张幻灯片，可在另一张幻灯片上也设置一个与该幻灯片的超链接，以便返回到原幻灯片，如果链接的是网页、WPS 文字处理，可单击窗口中的 Web 工具栏中的"返回"按钮，返回到原幻灯片。

另外，WPS 演示文稿还提供了一组代表一定含义的动作按钮，将某个动作按钮插入到幻灯片中，并为其设置超链接后，当幻灯片放映时，单击动作按钮就可以跳转到指定幻灯片。设置动作按钮的方法是：在幻灯片视图中，选择"插入"菜单→"形状"按钮→"动作"按钮，在"动作"按钮列表框中选择"自定义"按钮图标，当指针变为十字形状时，在幻灯片上单击并拖动，则弹出"动作设置"对话框，在对话框中选择"超链接到"选项，并在下拉列表框中选择合适的选项。

任务实施

1．任务分析

案例需要设置的动态效果包括：分别为六张幻灯片标题、图表、图片等对象添加多个动画效果、所有幻灯片要设置切换效果。

2．设置动态效果

以第一张幻灯片为例：幻灯片的标题设置动画效果，单击"动画"选项卡，在"动画"组提供的动画方式中，选择"进入→飞入，效果→自左侧"动画效果，然后单击"动画"→"动画窗格"→"添加效果"下拉按钮，在弹出的下拉列表框中选择"强调→放大120%"，其他幻灯片的动画设置以同样的方法进行操作。

3．设置切换效果

按【Ctrl+A】组合键选定所有的幻灯片，选择"切换"→"推出"效果选项，单击"效果选项"下拉按钮，选择"向左"，持续时间1.5秒，换片方式为"单击鼠标时换片"，最后单击"全部应用"按钮即可。

任务三　演示文稿的播放设置

任务描述

设置"大学生创新创业项目计划书"演示文稿的自定义放映，顺序为第一张至第六张，也可以自定义放映顺序。

知识链接

制作完成的多媒体演示文稿在播放时，可以根据不同的场合选择不同的放映方式，幻灯片放映方式通常有人工放映和自动放映两种。

（一）人工放映

人工放映是指手动控制幻灯片播放时间的一种放映方式。采用人工放映方式时，在放映幻灯片前不必进行放映参数设置，即直接放映幻灯片，但放映时要通过鼠标或键盘手动控制幻灯片播放时间。

（二）自动放映

自动放映是指先定义好放映的时间，然后按定义好的时间自动放映幻灯片的一种放映方式。放映时间的定义有自定义放映时间和排练计时两种。

1．自定义放映时间

自定义幻灯片放映时间的方法是：选中准备设置放映时间的幻灯片，在"切换"功能区中提供了两种换片方式：一种是单击鼠标换片；另一种是按设定时间值自动换片。选择"设置自动换片时间"复选框，输入希望幻灯片在屏幕上停留的时间，即可设置幻灯片的放映时间。如果两个复选框都选中，即保留了两种换片方式，那么，在放映时以较早发生的为准，即设定时间还未到时单击了鼠标，则单击后就更换幻灯片，反之亦然。如果同时取消选择两个复选框，在幻灯片放映时，只能利用右键快捷菜单中的"下一页"命令更换幻灯片。

2. 排练计时

当放映幻灯片时，同时伴随着讲解，如果此时用人工设定的时间，很难与一张幻灯片放映所需的具体时间保持一致。这就需要用到 WPS 演示文稿提供的排练计时功能，在排练放映时自动记录使用时间，以此作为设定时间可以与放映所需的具体时间基本一致。排练计时的设置方法是：单击"放映"→"设置"→"排练计时"按钮，即可开始排练放映幻灯片，同时开始计时。在屏幕上除显示幻灯片外，有一个"录制"工具栏，显示记录当前幻灯片的放映时间。当切换到下一张幻灯片时，又重新开始记录该幻灯片的放映时间。如果认为该时间不合适，可以单击"重复"按钮对当前幻灯片重新计时。放映到最后一张幻灯片时，弹出确认的消息框，询问是否接受已确定的排练时间。单击"是"按钮便可通过排练计时为各幻灯片设置放映时间。

（三）放映方式

幻灯片放映方式有从头开始放映、从当前幻灯片开始放映和自定义放映方式功能三种。

1. 从头开始放映

从头开始放映方法是：单击"幻灯片放映"→"开始放映幻灯片"→"从头开始"按钮或直接按【F5】键。

2. 从当前幻灯片开始放映

从当前幻灯片开始放映方法是：单击"幻灯片放映"→"开始放映幻灯片"→"从当前幻灯片开始"按钮。

3. 自定义放映方式

自定义放映方式方法是：首先打开演示文稿，然后单击"幻灯片放映"→"开始放映幻灯片"→"自定义幻灯片放映"→"自定义放映"按钮，弹出"自定义放映"对话框，单击"新建"按钮，弹出"定义自定义放映"对话框，在"幻灯片放映名称"文本框中输入放映名称，在"在演示文稿中的幻灯片"列表框中选择要放映的幻灯片，然后单击"添加"按钮，将其添加到"在自定义放映中的幻灯片"列表框中，通过按钮▲和按钮▼调整幻灯片的放映顺序，如图 3-28 所示。设置完成后，单击"确定"按钮，返回"自定义放映"对话框。单击"放映"按钮即可放映选定的幻灯片。

（四）排练计时

当放映幻灯片时，同时伴随着讲解，如果此时用人工设定的时间，很难与一张幻灯片放映所需的具体时间保持一致。这就需要用到 WPS 演示文稿提供的排练计时功能，在排练放映时自动记录使用时间，以此作为设定时间可以与放映所需的具体时间基本一致。排练计时的设置方法是：选择"幻灯片放映"→"排练计时"命令，即可开始排练放映幻灯片，同时开始计时。在屏幕上除显示幻灯片外，尚有一个"排练"对话框，在该对话框中显示有时钟，记录当前幻灯片的放映时间。当切换到下一张幻灯片时，又重新开始记录该幻灯片的放映时间。如果认为该时间不合适，可以单击"重复"按钮，对当前幻灯片重新计时。放映到最后一张幻灯片时，弹出确认消息框，询问是否接受已确定的排练时间。单击"是"按钮便可通过排练计时为各幻灯片设置好放映时间。

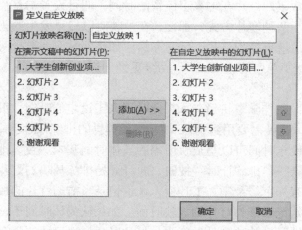

图 3-28 "定义自定义放映"对话框

（五）幻灯片放映

制作好多媒体演示文稿后就可以进行播放了。WPS 演示文稿提供了两种幻灯片放映方法：一是选择"幻灯片放映"→"从头开始"按钮或直接按【F5】键，从头开始放映；二是选择"幻灯片放映"→"从当前幻灯片开始"按钮，从当前幻灯片开始放映。

设置放映方式方法是：选择"幻灯片放映"→"设置放映方式"按钮，打开"设置放映方式"对话框。在对话框的"放映类型"选项组中设有"演讲者放映""观众自行浏览""在展台浏览"三种放映类型，供用户选择。

演讲者放映（全屏幕）：是一种最常用的幻灯片放映方式，如图 3-29 所示。可以对演示文稿进行全屏显示。在这种方式下，演讲者可以对放映过程完全控制，既可以用自动方式放映，也可以用人工方式放映。

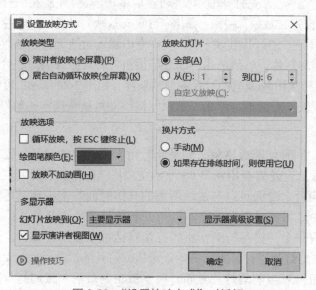

图 3-29 "设置放映方式"对话框

观众自行浏览（窗口）：这是一种小规模演示的放映方式。在这种方式下，演示文稿会出现在小型窗口内，并在放映时提供移动、编辑、复制和打印幻灯片的命令，使观众可以自己动手控制幻灯片的放映。

在展台浏览（全屏幕）：以全屏形式在展台上演示。在这种方式下，将按预先设置的时间和次序自动运行演示文稿，运行时大多数的菜单和命令都不可用，并且在每次放映完毕后自动重新开始。

在"放映选项"选项组中可以确定放映时是否循环放映、加旁白或动画。

在"放映幻灯片"选项组中指定要放映的幻灯片。选定"全部"单选按钮时将放映演示文稿中所有的幻灯片；选定"从……到……"单选按钮时则放映指定的幻灯片。

在"换片方式"选项组中确定放映时的换片方式。"手动"方式指放映时必须手动切换幻灯片，系统将忽略预设的排练时间。"如果存在排练时间，则使用它"选项指使用预设的排练时间自动放映幻灯片。设置完成后，单击"确定"按钮即可放映幻灯片。

任务实施

1. 任务分析

案例需要对"大学生创新创业项目计划书"演示文稿重新定义放映顺序，并将放映名称命名为"项目计划书"。

2. 任务指导

首先打开"大学生创新创业项目计划书"演示文稿，然后单击"放映"→"开始放映幻灯片"→"自定义幻灯片放映"→"自定义放映"按钮，弹出"自定义放映"对话框，单击"新建"按钮，弹出"定义自定义放映"对话框，在"幻灯片放映名称"文本框中输入放映名称"项目计划书"，在"在演示文稿中的幻灯片"列表框中分别按第一张→第二张→第三张→第四张→第五张→第六张顺序选择幻灯片，然后单击"添加"按钮，将其添加到"在自定义放映中的幻灯片"列表框中即可。

任务四　幻灯片母版使用

任务描述

在制作幻灯片时，有时候需要让各张幻灯片的标题、图片、页眉、页脚保持一致或同样的风格。比如，在"大学生职业生涯规划"演示文稿中，利用幻灯片母版为所有的幻灯片插入"图标"和"大学生职业生涯规划"标题。

视　频

模块三　WPS
演示文稿的幻
灯片母版使用

知识链接

（一）幻灯片母版

幻灯片母版是存储关联幻灯片的标题和文本、位置、背景图案和插入内容等信息的幻灯片，在幻灯片母版中更改存储信息的格式，关联幻灯片中的信息格式也会相应改变。当要统一设置所有幻灯片的标题与文本的格式、位置、背景图案、插入内容等时，就应该考虑用幻灯片母版来实现，不必一一在各幻灯片中添加，而且插入的新幻灯片默认幻灯片母版的所有属性。母版用于设置演示文稿中每张幻灯片的预设格式，可快速运用到系列幻灯片中。系统提供了四种用途不同的母版，分别是幻灯片母版、标题母版、讲义母版与备注母版，其中最常用的是幻灯片母版和标题母版，幻灯片母版用于控制幻灯片标题与文本的格式，标题母版用于控制标题版式幻灯片的格式。

（二）幻灯片母版的主要应用

幻灯片母版存放在"视图"选项卡中，可通过选择"视图"→"母版视图"→"幻灯片母版"命令打开母版视图。利用母版视图可以更改字体格式、在幻灯片上插入相同艺术图片、更改占位符的位置、大小和格式、更改设计模板等。

任务实施

1. 任务分析

在所有的幻灯片中插入"图标"和"大学生职业生涯规划"标题，用幻灯片母版可一次达成，不必一一在各幻灯片中添加，会方便很多。

2. 任务指导

（1）选择"视图"→"幻灯片母版"，如图 3-30 所示，即可进入 WPS 演讲文稿幻灯片母版。

图 3-30　单击幻灯片母版进入"幻灯片母版"选项卡

（2）单击左边幻灯片母版首页，在幻灯片编辑区插入图标素材，并输入"大学生职业生涯规划"标题，如图 3-31 所示。

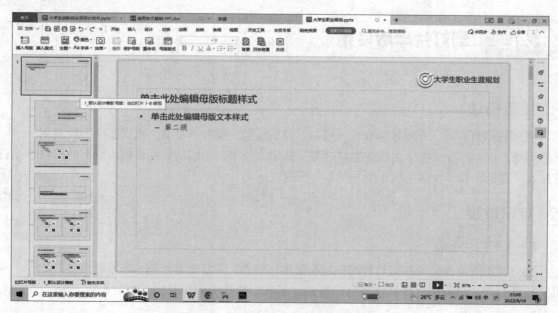

图 3-31　幻灯片母版中插入图标与标题

（3）选择"幻灯片母版"→"关闭母版视图"，关闭幻灯片母版视图，如图 3-32 所示，每一张幻灯片（除标题幻灯片外）都会自动插入形状，如图 3-33 所示。

图 3-32　关闭幻灯片母版

图 3-33　幻灯片母版图标、标题插入至右上角后整体效果

任务五　演示文稿的创意设计

任务描述

制作一个介绍"大学生职业生涯规划"的演示文稿，总体效果如图 3-34 所示。

图 3-34　"大学生职业生涯规划"的演示文稿总体效果

内容要求：演示文稿必须包括职业生涯规划标题、目录、具体内容及结束页。

色彩要求：以深红色为主色，色彩搭配合理。

布局要求：排版富有设计感的黄金比例。

动画要求：动画速度与演讲语速达到一致性，动画的幅度与演示文稿的环境吻合，重要的信息要醒目，单击播放与自动播放有机融合，实时有效地配合演讲者的节奏与讲解内容。

知识链接

（一）幻灯片构图技巧

1. 对角斜线构图（见图3-35）

视 频

模块三
WPS演示文
稿的创意设计

图 3-35 对角斜线构图

2. 九宫格构图（见图3-36）

图 3-36 九宫格构图

3. 竖线对称构图（见图 3-37）

图 3-37　竖线对称构图

4. 十字交叉构图（见图 3-38）

图 3-38　十字交叉构图

　　以上是幻灯片常用的构图技巧，大家也可以自主创新，挖掘更多的构图方法，为幻灯片的设计注入更多创新理念。

　　（二）幻灯片配色方案

　　1. 单色配色方案

　　单色配色法是 PPT 中常用的方法之一，也是上手最快的方法。假如对色彩的掌控能力较弱，这是一个不错的选择。

　　切记：即使是单色设计，也要搭配一些无彩色（黑白灰），比如蓝色和灰色加白色。

2. 同类色配色方案

挑选同类色的色系配色，还可以将其分为冷暖同色系。比如暖色同色系配色等，包括冷色系同色系与暖色系同色系等。

3. 同色系深浅配色方案

同色系深浅色相互呼应，这样设计出来的幻灯片与配色风格相对统一，并且页面饱满，色彩自然和谐。

4. 渐变配色方案

渐变配色法指的是色彩之间过渡缓和，营造一种温柔、唯美的感觉。主要的特点是两个或多个色相色彩之间具有融合性、过渡性，使得配色呈现出一种朦胧感以及柔和感。

5. 相邻色配色方案

相邻色是色环上相邻的 3~4 个颜色组合，如红、橙红、橙。其操作和单色的一样，选取后，对其明度和明度进行调整。因为这种色相上很相似，很容易被人所接受，所以可以大胆尝试。

说明：还可以借助一些配色工具自动配色，并修改主题色等，如 KOPPT 插件神器。

任务实施

1. 任务分析

"大学生职业生涯规划"制作是一个很重要的创意过程，职业生涯规划演示文稿制作的内容包含有哪些呢？一般情况包括以下几方面的内容：主题标题、目录、概括性内容、结束页等。

本次任务：演示文稿的制作主要以自主创意设计为主，自主设计幻灯片的整体效果、风格、包括幻灯片的布局、色彩搭配、动画设计等，提升制作者的审美能力与创新思维能力。

2. 任务指导

（1）制作第一张幻灯片。创建一个空白演示文稿：① 右击幻灯片，选择"设置背景格式"命令，在弹出的"对象属性"面板中单击"纯色填充"，选择颜色为"浅灰色"即可设置背景颜色；② 绘制深红色的矩形框（"插入"→"形状"→"矩形"）放置在幻灯片的左边，接着绘制深灰色线条进行页面分区；③ 输入文字（大标题：微软雅黑，66 号，其他小标题的大小依次为 32 号、28 号、26 号）；④ 将飞机、热气球图片素材导入幻灯片中即可，如图 3-39 所示。

图 3-39 第一张幻灯片

（2）制作第二张幻灯片。① 导入"个人基本情况"标题的图标素材，放置幻灯片的左上角，并输入主标题"个人基本情况"（微软雅黑，32号）；② 绘制比背景颜色深的灰色正圆（"插入"→"形状"→"椭圆"），置入幻灯片左侧，接着导入圆形照片素材放置圆形的上方，并导入语音图标布局在照片的右下角，然后将"我的中国心"标题放置在照片的下方；③ 输入个人的基本信息（属性名：微软雅黑，24号，加粗；属性值样式同属性名雷同，只是不加粗），最终效果如图3-40所示。

图3-40　第二张幻灯片

（3）制作第三、四、五、八张幻灯片。制作步骤同制作第一张、第二张幻灯片方法一样，幻灯片的内容与效果如图3-41所示。

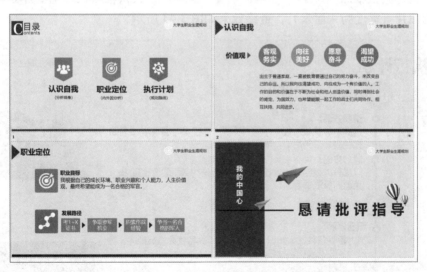

图3-41　第三、四、五、八张幻灯片效果

（4）制作第六张幻灯片。① 将"职业定位"的标题固定（微软雅黑，36号），并绘制深红色三角形指示标；② 绘制四个水滴形状（"插入"→"形状"→"水滴"），再利用对齐工具将水滴按不同的方向对齐（"绘图工具"选项卡→"对齐"按钮），排列好后放置幻灯片中心，并分别在水滴图形中输入白色字母 S、W、O、T（Arial，44号）；③ 围绕水滴图形分别布局文字信

息（标题：微软雅黑，24 号，加粗；正文：微软雅黑，18 号，不加粗），接着加入 SWOT 主标题（32 号），最终效果如图 3-42 所示。

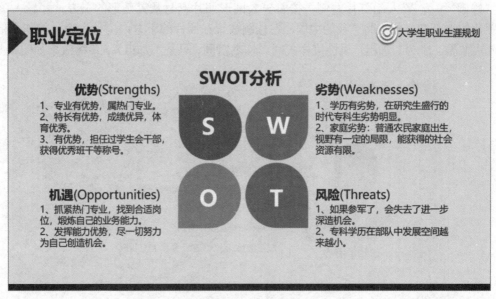

图 3-42　第六张幻灯片

（5）制作第七张幻灯片。① 复制第六张幻灯片的大标题，修改标题内容为"执行计划"；② 绘制大小圆形图标与小三角用来突显正文中的大小标题（大标题：湖蓝色，微软雅黑，24 号，加粗；小标题：深灰色，微软雅黑，20 号，加粗；正文：深灰色，微软雅黑，20 号，不加粗）；③ 插入与主题相关的图片（宽度为 4 厘米），最终效果如图 3-43 所示。

图 3-43　第七张幻灯片

实训一　制作"智能手机产品介绍"演示文稿

实训目的

（1）掌握 WPS 演示文稿的创建、打开及保存。

（2）熟练掌握幻灯片的文本输入、编辑。

（3）掌握幻灯片的图片、图表插入和编辑、会建立组织结构图。

（4）会利用幻灯片的版式、主题方案、样式等功能美化幻灯片。

（5）掌握幻灯片的插入、删除、复制，会改变幻灯片的顺序。

（6）掌握幻灯片切换效果的设置。

（7）掌握幻灯片动画和声音效果的设置。

（8）掌握幻灯片动作按钮和超链接的设置。

（9）掌握母版的使用。

（10）自定义放映的设置。

（11）掌握幻灯片布局方法与配色技巧。

（12）能够自主创意设计幻灯片。

实训内容

（1）在 D 盘下建立学生文件夹，命名为"学号＋姓名"。

（2）在学生文件夹下，新建一个名为"华为手机产品介绍 .pptx"的演示文稿。

（3）封面背景颜色采用中国红与黑色过渡的渐变色，字体为微软雅黑与幼圆为主题样式，中国红为主色，科技蓝为辅色。

（4）在第一张幻灯片后插入第二张目录幻灯片，底色为纯白，标题背景为红色，字体样式全部为幼圆，字号分别为 28 号、20 号。

（5）第三、五、七张幻灯片（封面标题页）样式与首页幻灯片背景颜色一样，再输入编号、主标题、副标题以及绘制按钮，并设置样式。

（6）第四张幻灯片（产品概述）中插入图形、文本框、图片，按效果图中进行布局，设置样式，最后在手机图片上插入图表。

（7）第六张幻灯片（产品功能），绘制矩形框，并设计蓝色与黑色过渡渐变背景，插入功能小图标进行分区，分别输入文字（包括小标题与正文）来描述产品功能，红色线条用来点缀与分区。

（8）第八张幻灯片（产品优势），导入手机图片，然后分别绘制水滴图形来描述产品的优势，水滴内的文字样式为微软雅黑、18 号、红色。

（9）第九张幻灯片（结束页）与首页背景效果一样，可以直接复制后，删除不要的对象，接着插入手机侧面图片与华为图标，最后输入中文结束语即可。

（10）设置幻灯片切换：设置所有幻灯片切换效果为"擦除"、方向向左、持续时间 1 秒，换页方式为单击鼠标时换片、声音为"风铃"。

（11）设置母版：为每一张幻灯片右上角添加中国华为标志（可根本需要选做）。

（12）设置超链接：为目录页中的标题分别添加链接，链接到对应的详情页面。

（13）设置动作按钮：为第四、六、八张幻灯片右下角添加"返回"按钮，单击该按钮立刻跳转到第二张幻灯片。

（14）设置自定义放映，名称为"我的放映"，顺序为"1-2-3-4-3-6-7-8-9"。

（15）存盘退出。

⊕ 实训样式

实训样式如图 3-44~ 图 3-52 所示。

图 3-44　手机产品介绍

图 3-45　目录

图 3-46　封面标题 1

图 3-47　产品概述

图 3-48　封面标题 2

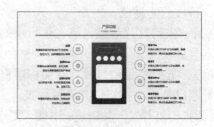

图 3-49　产品功能

图 3-50　封面标题 3

图 3-51　产品优势

图 3-52　结束页

实训二　演示文稿的动画创意设计

实训目的

　　熟练掌握幻灯片的制作，自主设计幻灯片的整体效果、风格、包括幻灯片的布局、色彩搭配、动画设计等，提升制作者的审美能力与自主创新能力。

实训内容

　　创作"梦想的舞台"为主题的幻灯片设计。动画描述如下：图 3-53 左边的多边形设置不断重复的自动旋转效果，舞台演员有一个出台动画效果与旋转效果。强调动画（陀螺旋）与进入动画（翻转式由远及近与渐近式回旋）。

实训样式

　　"梦想的舞台"实训样式如图 3-53 所示。

　　操作步骤提示如下：

　　1. 设计幻灯片的静态对象

　　绘制不同颜色、不同长度的矩形，并将其排列如图 3-53 所示效果，接着导入舞蹈演员图片素材，最后添加有蓝色渐变背景的标题。

　　2. 让静态对象动起来

　　（1）设置左边矩形条的动画：选中所有的矩形条，切换到"动画"选项卡，在动画列表框中选择"强调→陀螺旋"，设置"开始"→"与上一个动画同时"，"速度"→"中速 2 秒"，"重复"→"直到幻灯片末尾"。

　　（2）设置舞台演员动画：选中人物图片，切换到"动画"选项卡，在动画列表框中选择"进入"→"翻转式由远及近"，设置"开始"→"与上一个动画同时"，"速度"→"快速1秒"，无重复，再次为舞台演员添加第二个动画，仍然选中人物图片，在"动画"选项卡中单击"动画窗格"→"添加效果"，在弹出动画列表框中选择"进入"→"渐近式回旋"，设置"开始"→"与上一个动画同时"，"延迟"→"1秒"，"速度"→"中速2秒"，"重复"→"2"。最终即可以看到一个炫酷的梦想舞台效果。

图 3-53 "梦想的舞台"实训样式

习题三

一、选择题

1. WPS 演示文稿中，可对母版进行编辑和修改的状态是（   ）。

    A. 普通视图状态   B. 备注页视图状态

    C. 幻灯片母版状态   D. 幻灯片浏览视图状态

2. 要在选定的幻灯片中输入文字（   ）。

    A. 可以直接输入文字

    B. 首先单击文本占位符，然后可输入文字

    C. 首先删除占位符中的系统显示的文字，然后才可输入文字

    D. 首先删除占位符，然后才可输入文字

3. 在幻灯片间切换中，不可以设置幻灯片切换的（   ）。

    A. 换页方式   B. 背景颜色   C. 效果   D. 声音

4. 在 WPS 演示文稿中，下列选项关于选定幻灯片的说法错误的是（   ）。

    A. 在浏览视图中单击幻灯片，即可选定

    B. 如果要选定多张不连续幻灯片，在浏览视图下按住【Ctrl】键并单击各张幻灯片

    C. 如果要选定多张连续幻灯片，在浏览视图下，按住【Shift】键并单击最后要选定的幻灯片

D. 在普通视图下，不可以选定多个幻灯片

5. 可以方便地设置动画切换、动画效果和排练时间的视图是（　　）。

    A. 普通视图　　　　　　　　　　　　B. 大纲视图

    C. 幻灯片视图　　　　　　　　　　　D. 幻灯片浏览视图

6. WPS 演示文稿的"超链接"命令可（　　）。

    A. 实现幻灯片之间的跳转　　　　　　B. 实现演示文稿幻灯片的移动

    C. 中断幻灯片的放映　　　　　　　　D. 在演示文稿中插入幻灯片

7. 在 WPS 演示文稿中，幻灯片放映方式的类型不包括（　　）。

    A. 演讲者放映（全屏幕）　　　　　　B. 观众自行浏览（窗口）

    C. 在展台浏览（全屏幕）　　　　　　D. 在桌面浏览（窗口）

8. 在 PowerPoint 的下列四种视图中，（　　）只包含一个单独工作窗口。

    A. 普通视图　　　　　　　　　　　　B. 大纲视图

    C. 阅读视图　　　　　　　　　　　　D. 幻灯片浏览视图

9. 对于演示文稿中不准备放映的幻灯片可以用（　　）选项卡中的"隐藏幻灯片"命令隐藏。

    A. 设计　　　　　　B. 幻灯片放映　　　　　C. 视图　　　　　　　　D. 编辑

10. 在 WPS 演示文稿中，下列关于幻灯片的移动、复制、删除等操作叙述错误的是（　　）。

    A. 这些操作在"幻灯片浏览"视图中最方便

    B. "复制"操作只能在同一演示文稿中进行

    C. "剪切"也可以删除幻灯片

    D. 选定幻灯片后，按【Delete】键可以删除幻灯片

11. WPS 演示文稿中，启动幻灯片放映的方法中错误的是（　　）。

    A. 单击演示文稿窗口左下角的"幻灯片放映"按钮

    B. 选择"幻灯片放映"→"观看放映"命令

    C. 选择"幻灯片放映"→"幻灯片放映"命令

    D. 直接按【F6】键，即可放映演示文稿

12. WPS 演示文稿中，下列说法中错误的是（　　）。

    A. 可以动态显示文本和对象

    B. 可以更改动画对象的出现顺序

    C. 图表中的元素不可以设置动画效果

    D. 可以设置幻灯片切换效果

13. 在幻灯片间切换中，不可以设置幻灯片切换的（　　）。

    A. 换页方式　　　　　B. 背景颜色　　　　C. 效果　　　　　　　D. 声音

14. 在 WPS 演示文稿中，幻灯片通过大纲形式创建和组织（　　）。

    A. 标题和正文　　　　　　　　　　　B. 标题和图形

    C. 正文和图片　　　　　　　　　　　D. 标题、正文和多媒体信息

15. 在 WPS 演示文稿中，设置幻灯片放映时的切换效果为"百叶窗"，应使用（　　）选项卡下的选项。

    A. 动作　　　　　　B. 切换　　　　　　　C. 动画　　　　　　　D. 幻灯片放映

16. 对于设置了超链接的对象，下列说法正确的是（　　）。

　　A. 可以编辑，也可以删除　　　　　　　　B. 可以编辑，不可以删除

　　C. 不可以编辑，可以删除　　　　　　　　D. 不可以编辑，也不可以删除

17. WPS 演示文稿中，下列说法错误的是（　　）。

　　A. 可以动态显示文本和对象　　　　　　　B. 可以更改动画对象的出现顺序

　　C. 图表不可以设置动画效果　　　　　　　D. 可以设置幻灯片切换效果

18. WPS 演示文稿的扩展名是（　　）。

　　A. .pptx　　　　　　　B. .pwt　　　　　　C. .xslx　　　　　　D. .docx

19. 下列说法中正确的是（　　）。

　　A. 通过背景样式命令只能为一张幻灯片添加背景

　　B. 通过背景样式命令只能为所有幻灯片添加背景

　　C. 通过背景样式命令既可以为一张幻灯片添加背景也可以为所有添加背景

　　D. 以上说法都不对

20. 一个演示文稿由多张（　　）构成。

　　A. 讲义　　　　　　　B. 备注页　　　　　C. 幻灯片　　　　　D. 演示文稿

21. WPS 演示文稿中共有三种母版，其中不包括（　　）。

　　A. 幻灯片母版　　　　B. 讲义母版　　　　C. 格式母版　　　　D. 备注母版

22. 在 PowerPoint 中，"格式"中的（　　）命令可以用来改变某一幻灯片的布局。

　　A. 背景　　　　　　　　　　　　　　　　B. 幻灯片版面设置

　　C. 幻灯片配色方案　　　　　　　　　　　D. 字体

23. 若要查看主题或背景样式的实时预览，应（　　）。

　　A. 将鼠标指针悬停在缩略图上

　　B. 右击缩略图

　　C. 单击缩略图

　　D. 双击缩略图

24. WPS 演示文稿的各种视图中，（　　）只显示一个轮廓，主要用于演示文稿的材料组织、大纲编辑等，侧重于幻灯片的标题和主要的文本信息。

　　A. 普通视图　　　　　　　　　　　　　　B. 普通视图的大纲显示方式

　　C. 幻灯片阅读　　　　　　　　　　　　　D. 幻灯片浏览视图

25. 在 WPS 演示文稿中，可以使用（　　）选项卡中的命令来为切换幻灯片时添加声音。

　　A. 动画　　　　　　　B. 切换　　　　　　C. 设计　　　　　　D. 插入

26. WPS 演示文稿的超链接可以使幻灯片播放时自由跳转到（　　）。

　　A. 某个 Web 页面

　　B. 演示文稿中某一指定的幻灯片

　　C. 某个 Office 文档或文件

　　D. 以上都可以

27. 下列选项中，（　　）是正确的。

　　A. WPS 演示文稿在网络方面的主要功能有保存网页、保存动画和多媒体、自动调整在 IE

中演示时大小用浏览器演示文稿

　　B. 退出 WPS 演示文稿前，如果文件没有保存，退出时将会出现对话框提示存盘

　　C. WPS 演示文稿有友好的界面，实现了大纲、幻灯片和备注内容的同步编辑

　　D. 以上三种全对

28. 在为 WPS 演示文稿的文本加入动画效果时，艺术字体只能实现（　　）。

　　A. 整批发送　　　　　B. 按字发送　　　　　C. 按字母发送　　　　D. 按顺序发送

29. WPS 演示文稿中，有关人工设置放映时间的说法中错误的是（　　）。

　　A. 只有单击鼠标时换页

　　B. 可以设置在单击鼠标时换页

　　C. 可以设置每隔一段时间自动换页

　　D. B、C 两种方法可以换页

30. WPS 演示文稿中放映幻灯片的快捷键为（　　）。

　　A.【F1】　　　　　　B.【F5】　　　　　　C.【F7】　　　　　　D.【F8】

31. 在 WPS 演示文稿中，如果放映演示文稿时无人看守，放映的类型最好选择（　　）。

　　A. 演讲者放映　　　　　　　　　　B. 在展台浏览

　　C. 观众自行浏览　　　　　　　　　D. 排练计时

32. 在一张空白版式的幻灯片中不可以直接插入（　　）。

　　A. 图片　　　　　　　B. 艺术字　　　　　　C. 超链接　　　　　　D. 表格

33. 下面的对象中，不可以设置链接的是（　　）。

　　A. 文本上　　　　　　B. 背景上　　　　　　C. 图形上　　　　　　D. 剪贴画上

34. WPS 演示文稿中，下列说法中错误的是（　　）。

　　A. 可以打开存放在本机硬盘上的演示文稿

　　B. 可以打开存放在可连接的网络驱动器上的演示文稿

　　C. 不能通过 UNC 地址打开网络上的演示文稿

　　D. 可以打开 Internet 上的演示文稿

35. 在（　　）状态下，可以对所有幻灯片添加编号、日期等信息。

　　A. 大纲视图　　　　　B. 幻灯片浏览视图　　C. 母版　　　　　　　D. 备注页视图

36. 下面说法正确的是（　　）。

　　A. 在幻灯片中插入的声音用一个小喇叭图标表示

　　B. 在 WPS 演示文稿中，可以录制声音

　　C. 在幻灯片中插入播放 CD 曲目时，显示为一个小唱盘图标

　　D. 上述三种说法都正确

37. 演示文稿改变主题后，（　　）不会随之改变。

　　A. 字体　　　　　　　B. 颜色　　　　　　　C. 效果　　　　　　　D. 文字内容

38. 在 WPS 演示文稿中，下列说法中错误的是（　　）。

　　A. 幻灯片上动画对象的出现顺序不能随意修改

　　B. 动画对象在播放之后可以再添加效果（如改变颜色等）

　　C. 可以在演示文稿中添加超级链接，然后用它跳转到不同的位置

D. 创建超链接时，起点可以是任何文本或对象

39. 下列选项中，关于 WPS 演示文稿创建超级链接的说法错误的是（　　）。

　　A. 可以创建跳转到其他文件或 Web 页的超链接

　　B. 可以创建跳转到本演示文稿中其他幻灯片的超链接

　　C. 不能创建跳转到新建演示文稿的超链接

　　D. 可以创建跳转到电子邮件地址的超链接

40. 在 WPS 演示文稿中，有关幻灯片母版中的页眉页脚下列说法错误的是（　　）。

　　A. 页眉或页脚是加在演示文稿中的注释性内容

　　B. 典型的页眉和页脚内容是日期、时间以及幻灯片编号

　　C. 在打印演示文稿的幻灯片时，页眉和页脚的内容也可打印出来

　　D. 不能设置页眉和页脚的文本格式

二、判断题

1. 在 WPS 演示文稿中幻灯片切换与动画设置都在动画选项卡中。　　　　　　（　　）

　　A. 正确　　　　　　　　　　　　　　　　B. 错误

2. 在 WPS 演示文稿中除了用内容提示向导创建新的幻灯片，就没有其他方法了。　　（　　）

　　A. 正确　　　　　　　　　　　　　　　　B. 错误

3. 在 WPS 演示文稿中，"自动恢复"保存文稿是对文稿进行有规律保存的替代方式。　（　　）

　　A. 正确　　　　　　　　　　　　　　　　B. 错误

4. 启动 WPS 演示文稿之后，按【Ctrl+O】组合键可以打开"打开"对话框，然后可以打开需要的演示文稿。　　　　　　　　　　　　　　　　　　　　　　　　　　　　（　　）

　　A. 正确　　　　　　　　　　　　　　　　B. 错误

5. WPS 演示文稿中文本只能在文本框中输入。　　　　　　　　　　　　　（　　）

　　A. 正确　　　　　　　　　　　　　　　　B. 错误

6. 在 WPS 演示文稿中，要在幻灯片非占位符的空白处增加文本，可以先单击目标位置，然后输入文本。　　　　　　　　　　　　　　　　　　　　　　　　　　　　（　　）

　　A. 正确　　　　　　　　　　　　　　　　B. 错误

7. 用户在插入新幻灯片时，只能在内置的版式中选择，不能自己创建新的版式。　（　　）

　　A. 正确　　　　　　　　　　　　　　　　B. 错误

8. 在 WPS 演示文稿中，幻灯片的主题可以应用到所有幻灯片、个别幻灯片。　（　　）

　　A. 正确　　　　　　　　　　　　　　　　B. 错误

9. 在 WPS 演示文稿的窗口中，无法改变各个区域的大小。　　　　　　　　（　　）

　　A. 正确　　　　　　　　　　　　　　　　B. 错误

10. 用 WPS 演示文稿普通视图，在任一时刻，主窗口内只能查看或编辑一张幻灯片。　（　　）

　　A. 正确　　　　　　　　　　　　　　　　B. 错误

模块四

信息技术基础

　　信息技术（Information Technology，IT），是主要用于管理和处理信息所采用的各种技术的总称，它包含信息的产生、发送、传输、接收、变换、识别和控制等应用技术。它主要是运用计算机科学和通信技术来设计、开发、安装和实施信息系统及应用软件。它也常被称为信息和通信技术（Information and Communications Technology, ICT），主要包括传感技术、计算机与智能技术、通信技术和控制技术。未来信息技术会朝着高速、多元、智能、网络、移动、集成、虚拟等方向发展。

　　在以信息化、网络化为特征的当今社会，计算机应用无处不在，它在改变人们生活方式的同时，已成为人们学习、工作，乃至生活不可或缺的工具。了解一些信息技术知识，是大学生应具备的一种基本职业素养和职业能力。

▣ 本模块学习目标

知识目标：

了解计算机的产生、发展、分类、特点和应用领域；

掌握计算机中的数制及转换，计算机的信息编码；

了解计算机的硬件组成、软件系统的概念，以及计算机的性能指标。

能力目标：

会进行进制转换；能正确说出计算机系统的组成。

素质目标：

认识信息技术的发展方向，能够安装常用的计算机软件，能使用计算机进行日常办公。

任务一 了解信息技术的发展

任务描述

信息技术由人类社会发展形成，并随着科学技术的进步而不断变革。至今发生过五次信息革命。

第一次信息革命是建立了语言。语言的出现促进了人类思维能力的提高，并为人们相互交流思想、传递信息提供了有效的工具。

第二次信息革命是创造了文字。使用文字作为信息的载体，可以使知识、经验长期得到保存、积累和传递。

第三次信息革命是发明了印刷术，产生了书刊、报纸，并极大地促进了信息的共享和文化的传播。

第四次信息革命是出现了电报、电话、电视等事物。随着这些信息传播手段的普及，人类的经济和文化生活发生了革命性的变化。

第五次信息革命是计算机的数据处理技术与通信技术的结合。当前正处在第五次信息革命的进程中。

学习信息技术就要系统全面地了解计算机的相关知识，本任务需要了解的相关知识主要包括计算机的产生、发展、分类、特点和应用领域。

知识链接

（一）计算机的诞生

● 视频

模块四　信息技术的发展

莫希利（John Mauchly）于 1942 年提出试制第一台电子计算机的设想，用电子管代替继电器以提高计算速度。

1945 年，冯·诺依曼发表"存储程序通用电子计算机方案"——EDVAC，他对计算机的许多关键性问题的解决做出了重要贡献，从而保证了计算机的顺利问世。1946 年 2 月 14 日，电子数字积分计算机 ENIAC 诞生，如图 4-1 所示。承担开发任务的人员由冯·诺依曼和"莫尔小组"的工程师埃克特、莫希利、戈尔斯坦以及华人科学家朱传榘组成。ENIAC 是继 ABC（阿塔纳索夫 - 贝瑞计算机）之后的第二台电子计算机和第一台通用计算机。

图 4-1　ENIAC

ENIAC 长 30.48 m，宽 6 m，高 2.4 m，占地面积约 170 m²，30 个操作台，质量超过 30 t，耗电量 150 kW，造价 48 万美元。它包含了 17 468 根真空管（电子管），7 200 根晶体二极管，1 500 个中转，70 000 个电阻器，10 000 个电容器，1 500 个继电器，6 000 多个开关，计算速度是每秒 5 000 次加法或 400 次乘法，是使用继电器运转的机电式计算机的 1 000 倍、手工计算的 20 万倍。这在当时是很了不起的成就。原来需要 20 多分钟才能计算出来的一条弹道，现在只要短短的 30 s，有效缓解了当时极为严重的计算速度大大落后于实际要求的问题。

冯·诺依曼针对 ENIAC 存储程序方面的弱点，提出了"存储程序"的通用计算机的工作原理。70 多年以来，计算机的基本体系结构和工作原理一直沿用冯·诺依曼原理，基于这一原理制造的计算机，称为冯·诺依曼计算机。

（二）计算机的发展历程

随着信息技术发展的日新月异，计算机的功能越来越强大，这当中电子器件的变革是主要的推动力量，人们通常按计算机所采用的电子物理器件来划分计算机的发展阶段。计算机发展至今总体上经历了电子管、晶体管、集成电路、大规模和超大规模集成电路四个阶段，现在或不远的将来将迎来计算机发展的第五个阶段。

1. 第一代电子管计算机

1946—1957 年，这一时期生产的计算机主要是以电子管为物理器件，采用汞延迟线、磁鼓等类型存储器，计算机使用的是定点运算，主要使用机器语言或汇编语言编写程序，没有操作系统，计算机体积大、运算速度慢、成本高、功能单一，主要应用于国防和科学计算。图 4-2 为电子管，图 4-3 为我国第一台电子管计算机 103。

图 4-2　电子管

图 4-3　我国第一台电子管计算机 103

2. 第二代晶体管计算机

1958—1964 年，这一时期生产的计算机主要以晶体管为物理器件，采用磁心存储器，普遍使用浮点运算，开始使用磁盘和磁带等外部存储器，高级语言开始进入实用阶段，出现操作系统雏形。计算机的使用方式由手工操作改变为自动作业管理。与第一代计算机相比，晶体管电子计算机体积小、成本低、功能强、可靠性高，除了科学计算外，还用于数据处理和事务处理。图 4-4 为晶体管，图 4-5 为我国第一台晶体管计算机 444-B。

图 4-4　晶体管

图 4-5　我国第一台晶体管计算机 444-B

3. 第三代集成电路计算机

1965—1971 年，这一时期生产的计算机主要以集成电路为物理器件，采用半导体存储器，普遍采用虚拟存储技术。程序设计语言逐渐趋向标准化及结构化，高级语言种类进一步增加，操作系统在这一时期日趋完善，具备批量处理、分时处理、实时处理等多种功能，计算机体积、质量、功耗大大减少，运算精度和可靠性等指标大为改善，计算机应用遍及科学计算、工业控制、数据处理等各个方面。图 4-6 为集成电路元件。

图 4-6　集成电路元件

4. 第四代大规模和超大规模集成电路计算机

从 1972 年至今，这一时期生产的计算机主要是以大规模和超大规模集成电路为物理器件，由于把 CPU、主存储器及各 I/O 接口集成在大规模或超大规模集成电路芯片上，计算机在存储容量、运算速度、可靠性及性能价格比方面均比上一代有较大突破；在软件方面发展为分布式操作系统、数据库和知识库系统、高效可靠的高级语言以及软件工程标准化等，并形成软件产业，计算机广泛应用于各行各业。图 4-7 为 Intel i9 CPU，图 4-8 为国产龙芯 3C5000 CPU。

图 4-7 Intel i9 处理器

图 4-8 国产龙芯 3C5000 CPU

（三）计算机的发展趋势

随着社会经济和科学技术发展，人们对计算机的技术要求也不断提高，信息化、网络化使得计算机更加趋向于巨型化、微型化、网络化和智能化发展。

1. 巨型化

我国"神威·太湖之光"超级计算机安装在国家超级计算无锡中心，由 40 个运算机柜和 8 个网络机柜组成。每个运算机柜比家用的双门冰箱略大，打开柜门，4 块由 32 块运算插件组成的超节点分布其中。每个插件由 4 个运算节点板组成，一个运算节点板又含 2 块"申威 26010"高性能处理器。一台机柜就有 1 024 块处理器，整台"神威·太湖之光"共有 40 960 块处理器，

图 4-9 为"天河三号"（Tianhe-3），是中国新一代百亿亿次超级计算机，由国家超级计算天津中心同国防科技大学联合研制。超级计算机"天河三号"原型机已为中科院、中国空气动力研究与发展中心、北京临近空间飞行器系统工程研究所等 30 余家合作单位完成了大规模并行应用测试，涉及大飞机、航天器、新型发动机、新型反应堆、电磁仿真、生物医药等领域。

图 4-9 我国"天河三号"超级计算机

巨型化是计算机发展的一个重要方向，其特点是具有超级的运算速度、超大的存储容量、可提供超强的功能，而不是指计算机的体积大。超级计算机被称为"国之重器"。超级计算属于战略高技术领域，是世界各国竞相角逐的科技制高点，也是一个国家科技实力的重要标志之一。

2. 微型化

微型化则是计算机发展的另一个方向，其特点是利用超大规模集成电路研制质量更加可靠、性能更加优良、价格更加低廉、整机更加小巧的微型计算机。微型计算机现在已大量应用于仪器、

仪表、家用电器等小型仪器设备中，同时也作为工业控制过程的"心脏"，使仪器设备实现"智能化"。

3. 网络化

网络化就是用通信技术将各自独立的计算机连接起来，以便进行协同工作、在线学习、休闲娱乐、网络购物等。比如，QQ、微信、拼多多、淘宝、支付宝等应用都是基于网络的。

4. 智能化

智能化就是计算机像人一样，能够进行图像识别、定理证明、研究学习、探索、联想、启发和理解人的语言等，它是新一代计算机要实现的目标。

目前各大学习机商家采用的智慧学习，将每门课的知识点进行梳理，理清知识点的前后脉络关系，根据使用者答题情况，推导出哪些知识点没掌握好导致的本知识点不会做，然后对相关知识点进行强化，用计算机智能提高使用者的学习效率；还有智慧医疗、智慧城市、自动驾驶等技术，都在应用和发展中。

（四）计算机的特点

计算机作为一种通用的信息处理工具，能得到广泛的应用和普及，是因为计算机具有如下特点。

1. 运算速度快

由于计算机采用高速电子器件，因此计算机能以极高的速度工作。现在普通的微机每秒可执行百亿条指令，而巨型机则可达每秒百亿亿次。随着科技发展，此速度仍在提高。

2. 计算精确度高

计算机采用二进制表示数据，因此其精确度主要取决于计算机的字长，字越长，有效位数越多，精确度也越高。在科学的研究和工程设计中，对计算的结果精确度有很高的要求；如以软件的方法辅助，计算机按需求达到任意的精度。

3. 逻辑判断

计算机不仅能进行算术运算，还可以进行逻辑运算、关系运算，它能"思考"和"判断"，能按照人的要求进行数据匹配和检索，根据与用户的交互或实际情况选择该执行的代码。

4. 自动控制

计算机把处理信息的过程转换为由一条条指令，按一定次序组成的程序，这些程序能预先存储在计算机中，在调用时自动执行而不需要人工干预，因而自动化程度高。

5. 具有存储容量大的记忆功能

计算机的存储器具有存储、记忆大量信息的功能，这使计算机有了"记忆"能力。目前一般个人计算机的存储量已高达 TB（太字节）级别，服务器乃至超级计算机的存储容量就更惊人，并且其存储容量还在进一步提高。

6. 可靠性高

随着微电子技术和计算机技术的发展，现代电子计算机连续无故障运行的时间达到几十万小时以上，具有极高的可靠性。例如，安装在宇宙飞船上的计算机可以长时间可靠地运行。

此外，微机还有体积小、质量小、耗电少、功能强、使用灵活、维护方便、易掌握、价格便宜等特点。

（五）计算机的分类

计算机发展到今天，种类繁多，如何对计算机进行分类，并没有一个固定的标准。通常按计算机信息的表示和处理方式、用途、规模、速度和功能对计算机进行分类。

1. 按计算机信息的表示形式和对信息的处理方式分类

按计算机信息的表示形式和对信息的处理方式，可以把计算机分为模拟计算机、数字计算机和混合计算机。

模拟计算机是用模拟量（模拟量就是以电信号的幅值来模拟数值或某物理量的大小）来表示信息，模拟计算机主要用来处理连续的模拟信息；模拟计算机由于受元器件质量的影响，其计算精度较低，应用范围较窄，目前已很少生产。

数字计算机主要用来处理由 0 和 1 组成的串表示的、不连续的数字化信息。与模拟计算机相比，数字计算机具有运算速度快、计算进度高、存储容量大等优点，适用于科学计算、信息处理、过程控制和人工智能等。现在人们所使用的大都是数字计算机。

数字模拟混合式电子计算机是综合了上述两种计算机的长处设计出来的，它既能处理数字量，又能处理模拟量，但是这种计算机结构复杂，设计困难。

2. 按计算机的用途分类

按计算机的用途不同，可将计算机分为通用计算机和专用计算机。

通用计算机是为能解决各种问题而设计，它功能全、用途广、通用性强，目前的计算机多属于通用计算机。

专用计算机则是为解决某一特定问题而设计的，它专用性强、功能单一。

3. 按计算机的规模与性能分类

按计算机的运算速度、存储容量、功能的强弱，以及软硬件的配套规模等不同划分，计算机又分为巨型机、大型机、小型机、服务器与工作站、微型机、单片机等。

巨型计算机也称超级计算机，其性能极高、运算速度极快，数据存储容量很大，结构复杂，价格昂贵。如前面提到的"神威·太湖之光""天河三号"。

大型机运算速度快，有较大的存储空间，主要应用在气象、军事、仿真等领域。

小型机的运行原理与个人计算机相似，但它的性能和用途与个人计算机截然不同，主要应用在测量用的仪器仪表、工业自动控制、医疗设备中的数据采集等领域。

服务器是一种可供网络用户共享的高性能计算机，存储容量大，一般用于存放各类资源，并配备丰富的外部接口，可为网络用户提供浏览、电子邮件、文件传送、数据库等多种业务服务，由于网络操作系统要求较高的运行速度，为此很多服务器都配置多个 CPU。图 4-10 所示为华为服务器。

图 4-10 华为服务器

工作站是一种高档微型机系统，通常配备有大容量存储器，具有较高的运算速度和较强的网络通信能力，有大型机或小型机的多任务和多用户功能，同时兼有微型计算机操作便利和人机界面友好的特点。工作站最突出的特点是图形功能强，具有很强的图形交互能力，因此在计算机辅助设计（CAD）、模拟仿真、软件开发、信息服务和金融管理等领域广泛使用。

微型机就是日常使用最多的个人计算机，它采用微处理芯片、体积小、价格低、使用方便。微型机可分为台式机、笔记本电脑和平板电脑。

单片计算机则只由一片集成电路制成，如图4-11所示。其体积小，质量小，结构十分简单，一般用作专用机或用来控制高级仪表、家用电器等。

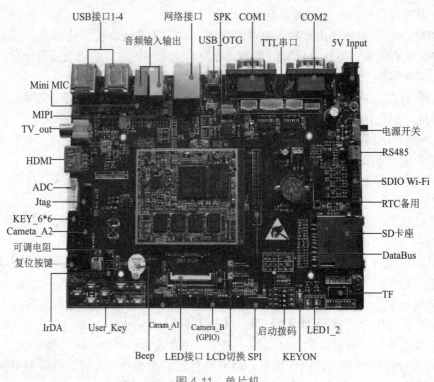

图4-11　单片机

（六）计算机的应用领域

随着计算机技术和信息技术的迅速发展，计算机的应用领域也在不断拓宽，今天的计算机不仅应用于数值计算领域，在社会生产和人们生活的各个领域也得到了广泛的应用。其应用领域主要有以下几个方面。

1. 科学计算

科学计算又称数值计算，它是计算机代替人工计算和传统的计算工具最早的应用领域。一直以来，科学研究和工程技术等领域中数据量大、运算复杂的大型计算问题，都要依靠计算机计算解决，如计算人造卫星的轨迹、地震预测、气象预报及航天技术等。

2. 数据处理

数据处理又称信息处理，它是指信息的收集、分类、整理、加工、存储等一系列活动的总称。所谓信息，是指可被人类感受的声音、图像、文字、符号、语言等。数据处理广泛应用于人口统计、办公自动化（OA）、企业管理、财务管理、邮政业务、机票订购、情报检索、图书管理、医疗诊断等领域。

3. 辅助设计、制造与教学

计算机辅助设计（Computer Aided Design，CAD）就是把计算机作为一种工具，辅助设计人员完成产品和工程等项目设计中的计算、分析、模拟和制图工作。CAD 技术已广泛应用于建筑工程设计、服装设计、机械制造设计、船舶设计等行业。使用 CAD 技术可以提高设计质量，缩短设计周期，提高设计自动化水平。

计算机辅助制造（Computer Aided Manufacturing，CAM）就是用计算机来控制生产设备和生产操作，实现产品生产自动化。利用 CAM 可提高产品质量，降低成本和劳动强度。

计算机辅助教学（Computer Aided Instruction，CAI）是指将教学内容、教学方法以及学生的学习情况等存储在计算机中，帮助学生轻松地学习所需要的知识。它在现代教育技术中起着相当重要的作用。

此外，还有计算机辅助排版、辅助出版、辅助管理、辅助绘制、辅助驾驶等。

4. 实时控制

实时控制就是利用计算机实时收集控制对象状态数据，对控制对象进行自动控制或调节过程。例如，导弹、人造卫星、飞机的跟踪与控制，就是计算机实时控制的具体应用。

5. 人工智能

人工智能（Artificial Intelligence，AI）是计算机一个应用领域，它是指利用计算机模拟人类的智能活动，使计算机具有判断、理解、学习、问题求解的能力。这方面的研究和应用正处于发展阶段，并在计算机阅卷、医疗诊断、文字翻译、同声传译、密码分析、智能机器人、自动驾驶等领域取得了一定的应用成果。

6. 虚拟仿真

虚拟仿真就是用一个系统模仿另一个真实系统。虚拟仿真实际上是一种可创建和体验虚拟世界（Virtual World）的计算机系统。此种虚拟世界由计算机生成，可以是现实世界的再现，亦可以是构想中的世界，用户可借助视觉、听觉及触觉等多种传感通道与虚拟世界进行自然的交互。它是以仿真的方式给用户创造一个实时反映实体对象变化与相互作用的三维虚拟世界，并通过头盔显示器（HMD）、数据手套等辅助传感设备，提供给用户一个观测与该虚拟世界交互的三维界面，使用户可直接参与并探索仿真对象在所处环境中的作用与变化，产生沉浸感。

虚拟仿真技术是计算机技术、计算机图形学、计算机视觉、视觉生理学、视觉心理学、仿真技术、微电子技术、多媒体技术、信息技术、立体显示技术、传感与测量技术、软件工程、语音识别与合成技术、人机接口技术、网络技术及人工智能技术等多种高新技术集成之结晶。其逼真性和实时交互性为系统仿真技术提供了有力的支撑。

7. 计算机网络

计算机网络是计算机技术与通信技术相结合的产物。利用网络，可以把处在不同地域的各种计算机连接在一起，让人们在网络中学习、工作、娱乐、游戏、购物，给人们的工作和生活带来了极大的便利。

8. 嵌入式系统

人们平时使用的计算机属于通用计算机，连接上不同的外围设备，运行相应的软件，就能满足不同的应用需求。嵌入式系统是面向特定应用的，系统中的 CPU 是专门为特定应用设计的，具有低功耗、体积小、集成度高等特点，能够把通用 CPU 中许多由板卡完成的任务集成在芯片内部，从而有利于整个系统设计趋于小型化。

任务实施

（1）查阅书籍，浏览网络信息，进一步了解各代计算机的特点，了解微型计算机的发展历程，了解超级计算机的重要作用和我国在超级计算机方面取得的成就。

（2）课后分组讨论并总结计算机的应用领域。

任务二　了解计算机中的编码

任务描述

在冯·诺依曼体系的计算机中，数字、字符、文字、图形、图像、声音、动画等所有信息的表示、处理均采用二进制编码，这些二进制编码统称为数字化信息。

计算机中表示和使用的数据分为数值数据和字符数据。数值数据用于表示量的大小、正负，如整数、小数等。字符数据也称非数值数据，用以表示一些符号、标记，如英文字母、阿拉伯数字、汉字、标点符号和各种专用字符等。

这些信息是如何用二进制形式来表示的呢？或者说，如何给这些信息编码呢？本任务就来学习数字、字符、文字是如何转换成二进制的。

知识链接

● 视　频

**模块四　数
制转换**

（一）进位计数制

1. 十进制

十进制计数法是"逢十进一"；任意一个十进制数可用 0、1、2、3、4、5、6、7、8、9 共 10 个数字符号组成的字符串来表示。在十进制数中，同一个数字符号在不同的位置代表的数值是不同的，如十进制数 289.34 可以表示成：

$$289.34 = 2 \times 10^2 + 8 \times 10^1 + 9 \times 10^0 + 3 \times 10^{-1} + 4 \times 10^{-2}$$

上式称为数值的按权展开式，其中 10^i 称为十进制的权，10 称为基数。

2. R 进制

从对十进制计数制的分析可以得出：如果用 R 个基本符号（如 0，1，2，…，$R\text{-}1$）来表示数值，则称其为 R 进制，R 称为该数制的基数，R^i 称为权（i 为整数，如 3，2，1，0，-1，-2，…）。

为区分不同进制的数，约定对于任意进制的数 N，记做：$(N)_R$。如 $(1011)_2$、$(653)_8$、$(6CD12)_{16}$，分别表示二进制数 1011、八进制数 653 和十六进制数 6CD12。不用括号及下标的数，默认为十进数，如 389。人们也习惯在一个数的后面加上字母 D（十进制）、B（二进制）、O（八进制）、H（十六进制）来表示其前面的数用的是什么进位制。如 1011B 表示二进制数 1011；D13H 表示十六进制数 D13。

3. 二进制

任意一个二进制数可用 0、1 两个数字符号组成的字符串来表示，它的基数 $R=2$。二进制计数法是"逢二进一"，如二进制数 110.11 的按权展开式为：

$110.11B=1 \times 2^2+1 \times 2^1+0 \times 2^0+1 \times 2^{-1}+1 \times 2^{-2}=6.75D$

4. 八进制

任意一个八进制数可用 0、1、2、3、4、5、6、7 八个数字符号组成的字符串来表示，它的基数 $R=8$。八进制计数法是"逢八进一"，如八进制数 254 的按权展开式为：

$254O=2 \times 8^2+5 \times 8^1+4 \times 8^0=172D$。

5. 十六进制

任意一个十六进制数可以用 0、1、2、3、4、5、6、7、8、9、A、B、C、D、E、F 十六个数字符号组成的字符串来表示，它的基数 $R=16$。十六进制计数法是"逢十六进一"，如十六进制数 A8C 的按权展开式为：

$A8CH=10 \times 16^2+8 \times 16^1+12 \times 16^0=2700D$。

（二）数制转换

在计算机中常用的进位计数制有十进制、二进制、八进制和十六进制。表 4-1 列出了这几种进制数的对照表。

表 4-1　十进制、二进制、八进制和十六进制数对照表

十进制	二进制	八进制	十六进制	十进制	二进制	八进制	十六进制
0	0000	0	0	8	1000	10	8
1	0001	1	1	9	1001	11	9
2	0010	2	2	10	1010	12	A
3	0011	3	3	11	1011	13	B
4	0100	4	4	12	1100	14	C
5	0101	5	5	13	1101	15	D
6	0110	6	6	14	1110	16	E
7	0111	7	7	15	1111	17	F

1. 非十进制数转换成十进制数

利用按权展开的方法，可以把任意数制的数转换成十进制数。下面是将二进制、八进制和十六进制数转换为十进制数的例子。

【例 4-1】将二进制数 1101.101 转换成十进制数。

$1101.101B=1 \times 2^3+1 \times 2^2+0 \times 2^1+1 \times 2^0+1 \times 2^{-1}+0 \times 2^{-2}+1 \times 2^{-3}=8+4+0+1+0.5+0.125=13.625D$

【例 4-2】将八进制数 345 转换成十进制数。

$345O=3 \times 8^2+4 \times 8^1+5 \times 8^0=192+32+5=229$

【例 4-3】将十六进制数 6CA 转换成十进制数。

$6CAH=6 \times 16^2+12 \times 16^1+10 \times 16^0=1536+192+10=1738D$

由上述例子可见，掌握了进位计数制的基数、位权，就能轻松地将任意进制的数转换成十进制数。

2. 十进制整数转换成二进制整数

把十进制整数转换成二进制整数的方法是采用"除二取余"法。把被转换的十进制整数反复地除以 2，直到商为 0，历次所得的余数逆序构成的字串，就是这个数的二进制形式。

【例 4-4】将十进制整数 221 转换成二进制整数。

```
2 | 221      1    ↑ 低
2 | 110      0    |
2 |  55      1    |
2 |  27      1    |
2 |  13      1    |
2 |   6      0    |
2 |   3      1    |
2 |   1      1    高
      0
```

即 221D=11011101B

知道十进制整数转换成二进制整数后，依此类推，十进制整数转换成八进制整数的方法是"除 8 取余"法，十进制整数转换成十六进制整数的方法是"除 16 取余"法，在此不过多介绍。

3. 二进制数与十六进制数间的相互转换

二进制的基数与十六进制的基数有着整数幂的关系，即 $2^4=16^1$，每四位二进制数，可对应一位十六进制数。

将一个二进制数转换成十六进制数的方法是：以小数点为界，分别向高位和低位，每四位为一组，高位不足四位在最前面补 0；低位不足四位在最后面补 0，然后计算出每组所对应的十六进制数值，从左到右，小数点不变，依序写出数字串，即将二进制数转换为十六进制数。

【例 4-5】将二进制数 111110.101101B 转换成十六进制数。

解　　0011　1110　.　1011　0100
　　　　↓　　　↓　　　↓　　↓
　　　　3　　　E　　.　B　　4

即 111110.101101B=3E.B4H

将十六进制数转换成二进制数：其过程与二进制数转换成十六进制数相反，小数点不变，依序将每一位十六进制数转换为四位二进制数即可。

【例 4-6】将 6BCH 转换成二进制数。

解　　6　　　B　　　C
　　　↓　　　↓　　　↓
　　0110　1011　1100

即 6BCH=011010111100B

4. 二进制数与八进制数间的相互转换

将一个二进制数转换成八进制数的方法是：以小数点为界，分别向高位和低位，每三位为一组，高位不足三位在最前面补 0；低位不足三位在最后面补 0，然后计算出每组所对应的八进制数值，从左到右，小数点不变，依序写出数字串，即将二进制数转换为八进制数。

【例 4-7】将二进制数 11110.1011B 转换成八进制数。

解　　011　110 . 101　100

　　　　↓　　↓　　↓　　↓

　　　　3　　6 . 5　　4

即 11110.1011B=36.54O

将八进制数转换成二进制数：其过程与二进制数转换成八进制数相反，小数点不变，依序将每一位八进制数转换为三位二进制数即可。

【例 4-8】将八进制数 23.67O 转换成二进制数。

解　2　　　3 . 6　　　7

　　↓　　　↓　↓　　　↓

　　010　011 . 110　111

即 23.67O=010011.110111B

（三）字符编码

字符的编码就是指按照特特定的规则，建立字符与二进制数一一对应的关系，用一个二进制数表示一个字符。为便于信息交换，需要建立统一的编码标准来表示字符。在计算机中处理英文用 ASCII 码，处理汉字需要用多种编码。

1. ASCII 码

ASCII (American Standard Code for Information Interchange，美国信息交换标准代码) 用 7 位或 8 位二进制来表示 128 或 256 种可能的字符。

标准 ASCII 码也称基础 ASCII 码，用 7 位二进制数（剩下的 1 位为 0）来表示大写和小写字母，数字 0 ~ 9、标点符号，以及在美式英语中使用的特殊控制字符。其中，0 ~ 31 及 127(共 33 个) 是控制字符或通信专用字符，其余为可显示字符。表 4-2 是 ASCII 码可显示字符集。

视　频

模块四　计算机中的编码

表 4-2　ASCII 码可显示字符集

二进制	十进制	十六进制	图形	二进制	十进制	十六进制	图形	二进制	十进制	十六进制	图形
00100000	32	20	(Space)	01000000	64	40	@	01100000	96	60	`
00100001	33	21	!	01000001	65	41	A	01100001	97	61	a
00100010	34	22	"	01000010	66	42	B	01100010	98	62	b
00100011	35	23	#	01000011	67	43	C	01100011	99	63	c
00100100	36	24	$	01000100	68	44	D	01100100	100	64	d
00100101	37	25	%	01000101	69	45	E	01100101	101	65	e
00100110	38	26	&	01000110	70	46	F	01100110	102	66	f
00100111	39	27	'	01000111	71	47	G	01100111	103	67	g
00101000	40	28	(	01001000	72	48	H	01101000	104	68	h

二进制	十进制	十六进制	图形	二进制	十进制	十六进制	图形	二进制	十进制	十六进制	图形
00101001	41	29	)	01001001	73	49	I	01101001	105	69	i
00101010	42	2A	*	01001010	74	4A	J	01101010	106	6A	j
00101011	43	2B	+	01001011	75	4B	K	01101011	107	6B	k
00101100	44	2C	,	01001100	76	4C	L	01101100	108	6C	l
00101101	45	2D	-	01001101	77	4D	M	01101101	109	6D	m
00101110	46	2E	.	01001110	78	4E	N	01101110	110	6E	n
00101111	47	2F	/	01001111	79	4F	O	01101111	111	6F	o
00110000	48	30	0	01010000	80	50	P	01110000	112	70	p
00110001	49	31	1	01010001	81	51	Q	01110001	113	71	q
00110010	50	32	2	01010010	82	52	R	01110010	114	72	r
00110011	51	33	3	01010011	83	53	S	01110011	115	73	s
00110100	52	34	4	01010100	84	54	T	01110100	116	74	t
00110101	53	35	5	01010101	85	55	U	01110101	117	75	u
00110110	54	36	6	01010110	86	56	V	01110110	118	76	v
00110111	55	37	7	01010111	87	57	W	01110111	119	77	w
00111000	56	38	8	01011000	88	58	X	01111000	120	78	x
00111001	57	39	9	01011001	89	59	Y	01111001	121	79	y
00111010	58	3A	:	01011010	90	5A	Z	01111010	122	7A	z
00111011	59	3B	;	01011011	91	5B	[	01111011	123	7B	{
00111100	60	3C	<	01011100	92	5C	\	01111100	124	7C	|
00111101	61	3D	=	01011101	93	5D	]	01111101	125	7D	}
00111110	62	3E	>	01011110	94	5E	^	01111110	126	7E	~
00111111	63	3F	?	01011111	95	5F	_				

　　控制字符有 LF（换行）、CR（回车）、FF（换页）、DEL（删除）、BS（退格）、BEL（响铃）等，通信专用字符有 SOH（文头）、EOT（文尾）、ACK（确认）等，它们并没有特定的图形显示，

但会依据不同的应用程序，而对文本显示有不同的影响。

2. 汉字编码

ASCII 码只对英文字母、数字和标点符号进行编码。为了用计算机处理汉字，同样需要对汉字进行编码。计算机在处理汉字时要经过输入、内部存储与转换、调字形码输出三个环节，在这一过程中的代码转换如图 4-12 所示。

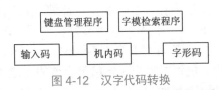

图 4-12　汉字代码转换

上述各个环节采用不同的编码。从汉字编码的角度看，计算机对汉字信息的处理过程实际上是各种汉字编码间的转换过程。这些编码主要包括汉字输入码、汉字内码、汉字字形码、汉字地址码及汉字信息交换码等。

（1）汉字信息交换码（国标码）。

汉字信息交换码是用于汉字信息处理系统之间或者与通信系统之间进行信息交换的编码，简称交换码，我国 1980 年颁布了第一个国家标准，也称国标码。代号为"GB 2312—1980"，即国标码。

国标码字符集共收录了 7 445 个字符，包含 6 763 个汉字和 682 个非汉字字符（图形、符号）。汉字中又有一级常用汉字 3 755 个，编码按汉语拼音字母顺序排列；二级汉字 3 008 个，编码按偏旁部首排列。一个国标码用两个字节来表示。

（2）输入码。

汉字输入码就是为输入汉字而对汉字编制的代码。由于这种编码是供计算机外部的用户使用的，故又称汉字的外部码，也称外码。

目前汉字主要是经标准键盘输入计算机的，所以汉字输入码都是由键盘上的字符或数字组合而成。比如，用全拼输入法输入"中"字，就要依次键入"zhong"字符，再选字。

汉字输入码是根据汉字的发音或字形结构等多种属性和汉语有关规则编制的，目前流行的汉字输入码的编码方案有很多，如各种拼音输入法、五笔输入法等。拼音输入法是根据汉字的发音进行编码的，称为音码；五笔输入法根据汉字的字形结构编码的，称为形码。

对于同一个汉字，不同的输入法有不同的输入码。例如，"中"字的全拼输入码是"zhong"，而五笔型的输入码是"kh"。这种不同的输入码通过输入字典转换统一到标准的国标码。

（3）内码。

汉字内码是为了在计算机内对汉字进行存储、加工和传输而编制的代码。当一个汉字输入计算机后就转换为内码，然后才能在机器内存储、加工和传输。汉字内码的形式多种多样。目前，对应于国标码一个汉字的内码也用 2 字节存储，并把每个字节的最高二进制位置"1"作为汉字内码的标识，以免与单字节的 ASCII 码产生歧义。如果用十六进制来表述，就是把汉字国标码的每个字节上加一个 80H（即二进制数 10000000）。所以，汉字的国标码与其内码有下列关系：

内码 = 国标码 +8080H

例如，已知"中"字的国标码为 5650H，则根据上述公式得：

"中"字的内码 = "中"字的国标码 5650H+8080H=D6D0H

（4）字形码。

经过计算机处理的汉字信息，最终是要显示或打印的，这就需要将内码转换成人们可读的方块汉字。每个汉字的字形信息是预先存放在计算机内的，常称汉字库。内码与字形一一对应。输出时，按内码在字库中查到其字形描述信息，然后显示或打印输出。描述汉字字形的方法主要有点阵字形和轮廓字形两种。

点阵字形方法比较简单。不论汉字的笔画多少，都规范在同样大小的范围内书写，把规范的方块再分割成许多小方块来组成一个点阵，这些小方块就是点阵中的一个点，即二进制的一个位。每个点由"0"和"1"表示"白"和"黑"两种颜色。一个汉字信息系统具有的所有汉字字形码的集合就是该系统的汉字库。根据对输出汉字精美程度的要求不同，汉字点阵的多少也不同，点阵越大输出的字形越精美。简易型汉字为 16×16 点阵，多用于显示；提高型为 24×24 点阵、32×32 点阵、48×48 点阵、64×64 点阵等，多用于打印输出。

轮廓字形方法比点阵字形复杂，一个汉字中笔画的轮廓可用一组曲线来勾画，它采用数学方法来描述每个汉字的轮廓曲线。这种方法的优点是字形精度高，且可以任意放大、缩小而不产生锯齿现象；缺点是输出之前必须经过复杂的数学运算处理。

（5）汉字地址码。

汉字地址码是指汉字库（这里主要指整字形的点阵式字模库）中存储汉字字形信息的逻辑地址码。汉字库中，字形信息都是按一定的顺序（大多数按标准汉字交换码中汉字的排列顺序）连续存放在存储介质上，所以汉字地址码也大多是连续有序的，而且与汉字内码间有着简单的对应关系，以简化汉字内码到汉字地址码的转换。

任务实施

我们常用计算机进行数值计算，日常生活中采用的是十进制，而计算机内部使用的是二进制，人机交互必须要进行数制的转换；此外计算机也经常用于文字编辑，在文字的输入、存储、输出阶段都使用了不同的编码，这些编码存在着内在的联系，相互之间也要进行转换。

（1）查阅书籍，浏览网络信息，学习和了解二进制、十进制和十六进制，并能熟练掌握不同进制之间数据的相互转换。

（2）进一步了解英文字符的 ASCII 编码，汉字国标码、区位码、内码、外码之间的关系。

（3）分组讨论十进制、八进制、十六进制是如何转换成二进制的，总结出进制转换的一般规律。

任务三　掌握计算机系统组成

任务描述

通常所说的计算机实际上指的是计算机系统，一个完整的计算机系统由硬件系统和软件系统两大部分组成。本任务主要了解硬件系统和软件系统相关知识。

知识链接

（一）计算机系统组成

一个完整的计算机系统由硬件系统和软件系统两大部分组成。硬件是软件工作的基础，软件是硬件功能的扩充和完善，两者相辅相成，协同工作，缺一不可；只具有硬件系统，却没有安装任何软件的计算机称为裸机，裸机是不能正常工作的。计算机系统的硬件和软件是按一定的层次关系组织起来的，最内层是计算机的硬件（即裸机），硬件的外层是操作系统，而操作系统的外层是其他软件，最外层是用户程序，如图4-13所示。

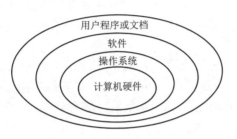

视频

模块四　计算机系统组成

图4-13　计算机系统的层次结构

操作系统是整个层次结构的核心，操作系统向下管理和控制硬件系统，向上支持应用软件的运行，并提供友好的操作平台，用户正是通过操作系统实现计算机使用的，这种层次关系为软件开发、扩充和使用提供了强有力的手段。

（二）计算机的硬件系统

1945年，冯·诺依曼提出"存储程序"的工作原理。冯·诺依曼计算机由运算器、控制器、存储器、输入设备和输出设备五个基本部分组成，这五个部分通过系统总线联系成一体，在控制器指挥下，信息从输入设备传送到存储器存放，需要时可以把它们读出来，由程序控制计算机的操作，计算机按程序预先编排好的顺序逐条执行程序中的指令，其间不必人工干预，因而可以实现自动高速运算。此外，只要输入不同的程序和数据，就可以让计算机做不同的工作，即可以通过改变程序来改变计算机的行为。这就是所谓"存储程序控制"的工作方式，也是计算机与其他信息处理机（如计算器、电报机、电话机、电视机等）的根本区别。它们之间的相互关系如图4-14所示。

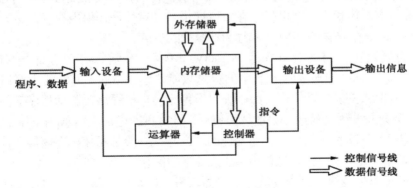

图4-14　计算机工作流程

各部件的功能如下：

1. 运算器

运算器是计算机中负责数据运算的部件，其核心部件是加法器和寄存器，工作时从内存中读取数据，并在加法器中进行运算，运算后的结果送到寄存器存储，运算器对内存的读写操作是在控制器控制下进行的。

2. 控制器

控制器是计算机的指挥中心，负责从内存中读取指令、翻译指令代码、识别指令要求后将控制信号送达各部件，并控制各部件有条不紊地完成指令所指定的操作。

控制器和运算器都是计算机系统的核心部件，集成在同一块芯片上，称为中央处理器（Center Process Unit，CPU），又称微处理器。基于 CPU 是微型计算机的核心，人们习惯用 CPU 表示微型计算机的规格。

1971 年，英特尔推出人类历史上第一枚通用芯片 4004，带来微型计算的快速发展。1972—1978 年，相继推出 8008 和 8080 处理器，1982—1989 年陆续推出 286、386、486 处理器，制程工艺达到 1μm；1993 年推出奔腾处理器，2006 年推出酷睿处理器，2022 年推出 10nm 制程的 12 代酷睿处理器。

Intel Core i3、Core i5、Core i7、Core i9，AMD Ryzen 3、Ryzen 5、Ryzen 7、Ryzen 9 等系列，都是目前笔记本电脑和台式电脑上常用的 CPU。近年来国产 CPU 也有了很大的发展，国产 CPU 品牌有龙芯、飞腾、申威、兆芯、鲲鹏（华为海思）、海光 Hygon、平头哥 T-HEAD、北京君正、紫光展锐、全志科技等。

3. 存储器

存储器是计算机中可以存储程序和数据的部件，从存储器中取出信息，称为"读"，把信息存入存储器，称为"写"。

存储单位一般用 B、KB、MB、GB、TB 来表示，其中一位二进制数 0（或 1），为一比特（bit），又称位，它是信息表示的最小单位；8 位为一个字节（B），它是信息存储的最小单位；1 024 B = 1 KB（千字节），1 024 KB=1 MB（兆字节），1 024 MB =1 GB（吉字节），1 024 GB =1 TB（太字节）。更高的容量单位还有 PB、EB、ZB、YB、BB、NB、DB 等。

存储器通常分为内存储器和外存储器，内存储器简称内存（又称主存），与运算器和控制器相连接，可与 CPU 直接交换信息，主要用来存放当前执行的程序及相关数据，内存由半导体存储器芯片组成，其特点是体积小、耗电低、存取速度快、可靠性好，但内存存储单元造价高，容量比外部存储器小。内部存储器与 CPU 一起称为计算机的主机。

内存又分为只读存储器（Read Only Memory，ROM）和随机存取存储器（Random Access Memory，RAM）。只读存储器（ROM）中的信息只能"读"不能"写"，主要用来存放一些专用固定的程序、数据和系统配置软件，如磁盘引导程序、自检程序、驱动程序等，由厂家在生产时用专门设备写入，用户无法修改，只能读出使用，计算机断电后，ROM 中的信息不会丢失。随机存取存储器（RAM）既可读又可写。通常说的"内存"一般是指随机存储器，计算机断电后，RAM 中的信息立即消失，所以操作过程中要注意信息的保存。

由于 CPU 速度越来越快，而内存的速度提高较慢，以至于 CPU 在与内存交换数据时不得不等待，影响了整机性能的提高，因此，奔腾以后的微型计算机在 RAM 和 CPU 之间设置了一种速度较快、容量较小、造价较高的随机存储器，即高速缓冲存储器（Cache），预先将 RAM 中的数据存放到 Cache 中，CPU 大部分对 RAM 的读写操作由对 Cache 的读、写操作代替，这样可以大大提高计算机的性能。Cache 通常集成在 CPU 内部或主板上，容量可达 20 MB、30 MB。图 4-15 为国产光威天策 32 GB DDR4 3200 台式计算机内存条，图 4-16 为国产光威战将 16 GB DDR4 3200 笔记本电脑内存条。

图 4-15　光威天策 32 GB DDR4 3200

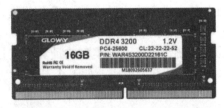

图 4-16　光威战将 16 GB DDR4 3200

外存储器简称外存，又称辅助存储器，主要存放大量计算机暂时不执行的程序以及目前尚不需要处理的数据。外存储器不能与 CPU 直接交换信息，放在其中的程序及相关数据要先调入内存，才能被 CPU 使用，外存存取速度慢，但造价较低，容量远比内存大，计算机断电后，外存储器中的程序和数据仍可保留，适合存储需要长期保存的程序和数据。图 4-17 为机械硬盘，图 4-18 为固态硬盘。常见的外部存储器还有光盘、U 盘、磁带等。

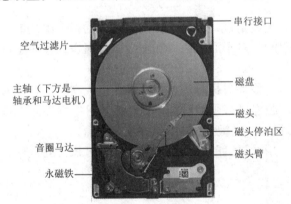

图 4-17　机械硬盘

图 4-18　致钛 2 TB M.2 PCIe 接口固态硬盘

4. 输入 / 输出设备

输入 / 输出设备简称 I/O 设备，负责计算机信息输入和输出。通过输入设备可将程序、数据、操作命令等输入计算机，计算机通过输出设备可将处理的结果显示或打印出来。计算机常用的输入设备有键盘、鼠标、扫描仪（见图 4-19）、数码照相机等；常用的输出设备有显示器、打印机（见图 4-20）、音箱等。而磁盘既是输入设备又是输出设备。

图 4-19　鼠标、键盘、扫描仪

图 4-20　显示器、打印机

（三）计算机软件的基本概念

计算机软件系统是相对于硬件系统而言的，它是各种程序和文档的总和。为了更好地了解计算机的软件系统，先来了解几个与软件相关的基本概念。

1. 指令与指令系统

指令是指示计算机执行某种操作的命令，计算机能实现什么操作是由计算机内存储的几十条到上百条基本指令决定的，基本指令的集合构成了计算机的指令系统。从程序设计的角度来说，基本指令和它们的使用规则（语法）构成了这台计算机的机器语言。指令都是能被计算机识别并执行的二进制代码，不同类型的计算机其指令的编码规则是不同的，但一条指令通常由操作码和操作数地址码两部分组成，如图 4-21 所示。

操作码	操作数地址码

图 4-21　指令的组成

操作码规定计算机进行何种操作（如取数、加、减、逻辑运算等），操作数地址码指出参与操作的数据在存储器的哪个地址中，操作结果存放到哪个地址。计算机指令系统一般都包含以下几种类型的指令：用于算术和逻辑运算的运算指令、用于取数和存储的传送指令、用于转移和停止执行的控制指令、用于输入和输出的输入／输出指令等。

2. 程序

对于机器语言而言，程序是指令的有序集合。也就是说，程序是由有序排列的指令组成的。这里所说的指令，是已经指定具体的操作数地址码的。对于汇编语言和高级语言而言，程序是语句的有序集合。

用机器语言编写的程序可以由计算机直接执行，称为目标程序。用汇编语言或高级语言编写的程序称为源程序。源程序不能直接被机器执行。源程序必须经过翻译，转换为目标程序才能被机器执行。可以说，程序是机器语言的指令或汇编语言、高级语言的语句的有序集合。

分析要求解的问题，得出解决问题的算法，并用计算机的指令或语句编写成可执行的程序，就称为程序设计。

3. 程序设计语言

程序设计语言是进行程序设计的工具，是编写程序、表达算法的一种约定。它是人与计算机进行对话（交换信息）的一种手段。程序设计语言是人工语言，相对于自然语言来说，程序设计语言比较简单，但是很严格，没有二义性。程序设计语言一般可分为三大类：机器语言、汇编语言及高级语言。

（1）机器语言：机器语言是以二进制形式的 0、1 代码串表示的机器指令以及其使用规则的集合。一种机器语言只适用于一类特定的计算机，不能通用。所以机器语言是面向机器的程序设计语言。用机器语言编制程序，计算机可直接执行，运行速度快，但直观性差，不便于阅读理解和记忆，编写程序难度大，程序出错后排查困难。

（2）汇编语言：汇编语言是一种符号语言，它由基本字符集、指令助记符、标号以及一些规则构成。汇编语言的语句与机器语言的指令基本对应，转换规则比较简单。与机器语言相比，汇编语言编写的程序较好阅读和理解，容易记忆，编程速度大大提高，出错少。但汇编语言仍为面向机器的语言，不具有通用性。汇编语言编写的程序要由汇编程序"翻译"成机器语言程序才能被计算机执行。

（3）高级语言：高级语言是一种接近于人们自然语言的程序设计语言。程序中所用的运算符号与运算式都接近于数学采用的符号和算式。它不再局限于计算机的具体结构与指令系统，而是面向问题处理过程，是通用性很强的语言。高级语言比汇编语言更容易阅读和理解，语句的功能更强，编写程序的效率更高。但是执行的效率则不如机器语言。

高级语言又可以分为编译型、解释型、混合型。编译是指在源程序执行之前，将程序源代码"翻译"成目标代码（机器语言），因此其目标程序可以脱离其语言环境独立执行，使用比较方便、效率较高。但一旦程序需要修改，必须先修改源代码，再重新编译生成新的目标文件(.obj)才能执行。现在大多数的编程语言都是编译型的，如 C、C++、C# 等。

解释型语言在"翻译"过程中并不生成目标机器代码，而是生成需要软件支持的中间代码，由另一个可以理解中间代码的解释程序执行，解释程序的任务是逐一将源程序的语句解释成可执行的机器指令执行。例如，用 HTML 语言编写的网页文件，被浏览器解释成一条条机器指令，CPU执行后形成页面。解释程序的优点是当语句出现语法错误时，可以立即引起程序员注意，而程序员在程序开发期间就能进行校正。解释型语言每执行一次就翻译一次，因而效率低下。一般动态语言都是解释型的，如 HTML、JavaScript 等。

Java 源程序是先编译成 Java 字节码，然后在 Java 虚拟机上用解释方式执行字节码。Python 也是先编译成 Python 字节码，然后由一个专门的 Python 字节码解释器负责解释执行。采用这种方式执行的语言称为混合型语言。

（四）计算机软件系统

计算机软件系统是为运行、维护、管理、应用计算机所编制的所有程序和支持文档的总和，它分为系统软件及应用软件两大类。应用软件必须在系统软件的支持下才能运行，没有系统软件，计算机无法运行；有系统软件而没有应用软件，计算机就无法解决实际问题。

1. 系统软件

系统软件是运行、管理、维护计算机必备的最基本的软件，一般由计算机生产厂商提供，它主要包括操作系统、语言处理程序、数据库管理系统、辅助程序。

操作系统（Operating System，OS）是控制与管理计算机硬件与软件资源，合理组织计算机工作流程，以及提供人机界面，供用户使用计算机的程序的集合。操作系统的主要功能有处理器管理、存储管理、文件管理、设备管理。根据运行的环境，操作系统可以分为桌面操作系统、手机操作系统、服务器操作系统、嵌入式操作系统等。常用的桌面操作系统有 Windows、Mac OS、UNIX、Linux 等系列，常用的手机操作系统有 Android、Harmony OS、iOS 等。

语言处理程序是将用程序设计语言编写的源程序转换成机器语言的形式，以便计算机能够运行，这一转换是由翻译程序来完成的。翻译程序除了要完成语言间的转换外，还要进行语法、语义等方面的检查。翻译程序统称为语言处理程序，共有三种：汇编程序、编译程序和解释程序。

数据库管理系统(Database Management System，DBMS)是一种操纵和管理数据库的大型软件，用于建立、使用和维护数据库，以保证数据库的安全性和完整性。它可以支持多个应用程序和用户用不同的方法在同时或不同时刻去建立，修改和询问数据库。大部分 DBMS 提供数据定义语言（Data Definition Language，DDL）和数据操作语言（Data Manipulation Language，DML），供用户定义数据库的模式结构与权限约束，实现对数据的追加、删除等操作。

实用程序又称支撑软件，是机器维护、软件开发所必需的软件工具。它主要包括编辑程序、连接装配程序、文件卷操作程序、调试程序、诊断程序等。

2. 应用软件

应用软件（Application）是用户可以使用的各种程序设计语言，以及用各种程序设计语言编制的应用程序的集合，包含应用软件包和用户程序。

应用软件包是为了实现某种功能或专门计算而精心设计的结构严密的独立程序的集合。它们是为具有同类应用的许多用户提供的软件。软件包种类繁多，每个应用计算机的行业都有适合于本行业的软件包，如计算机辅助设计软件包、辅助教学软件包、财会管理软件包等。

应用软件是为解决各类应用的专门问题而开发的，用户要解决的问题不同，需要使用的应用软件也不同。按照应用范围，应用软件可分为通用软件和专用软件。

（五）计算机的主要性能指标

计算机的性能指标是衡量计算机系统性能优劣的主要标志，通常情况下从主频、字长、内存容量、存取周期、运算速度等方面来衡量。

1. 主频

主频即 CPU 的时钟频率，计算机在时钟信号的控制下分步执行，每个时钟信号周期完成一步操作，时钟频率在很大程度上反映了 CPU 的速度。

主频和实际的运算速度存在一定的关系，但并不是简单的线性关系。主频表示在 CPU 内数字脉冲信号振荡的速度，CPU 的运算速度还要看 CPU 的流水线、总线等各方面的性能指标。也就是说，主频仅仅是 CPU 性能表现的一个方面，而不代表 CPU 的整体性能。比如，3.7 GHz 的 Intel Core i5 12600K，性能就不如 2.4 GHz 主频的 Intel Core i9 12900。

2. 字长

字长指的是 CPU 一次能并行处理的二进制位数，通常计算机的字长有 16 位、32 位、64 位等。字长越长，操作数的位数越多，计算精度也就越高，但相应部件如 CPU、主存储器、总线和寄存器等的位数也要增多，使硬件成本也随着增高。字长也反映了指令的信息位的长度和寻址空间的大小，16 位处理器其物理寻址空间是 $2^{16}B=64$ KB，32 位是 $2^{32}B=4$ GB，64 位理论上是 $2^{64}B=16$ EB。

3. 内存容量

计算机的内存容量通常是指随机存储器（RAM）的容量，一般来说，内存容量越大，系统性能越高。

计算机起初用同步动态随机存取技术的内存（Synchronous Dynamic Random-Access Memory，SDRAM），后来使用 DDR 技术的内存（Double Data Rate SDRAM），即双倍速率同步动态随机存储器。SDRAM 在一个时钟周期的上升期传输一次数据，DDR 则在一个时钟周期的上升期和下降期各传输一次数据，也就是在相同的时钟频率下，DDR 内存的速度是 SDRAM 内存速度的两倍。

三代 DDR 技术的 DDR2、DDR3 内存会被逐步被淘汰，目前容量 4 GB、8 GB、16 GB、32 GB，内存主频 2 400 MHz、2 800 MHz、3 000 MHz、3 200 MHz、3 600 MHz 的 DDR4 内存占主流，DDR5 内存也逐步开始普及。

📊 任务实施

日常学习中和将来的工作中都离不开使用计算机，适当地了解计算机软硬件知识，对于购买、使用、维护维修计算机有莫大的好处。

(1) 查阅书籍，浏览网络信息，学习和了解计算机软硬件知识，能自行选购台式计算机、笔记本电脑，乃至能组装台式计算机。

(2) 安装 Windows 操作系统和常用的办公软件。

(3) 分组讨论应用软件和系统软件的区别。你安装和使用了哪些应用软件和系统软件？

习题四

一、选择题

1. 下列关于计算机应用领域的说法中，错误的是（　　）。

    A. 办公自动化属于计算机应用领域中的"数据处理"

    B. 机器人技术属于计算机应用领域的"人工智能"

    C. 工厂炉温控制属于计算机应用领域的"过程控制"

    D. CAD 属于计算机应用领域中的"科学计算"

2. 以下说法，不正确的是（　　）。

    A. 巨型机是指体积巨大、通用性好、价格昂贵的计算机

    B. 大型机是指具有较高运算速度、较大存储容量的计算机

    C. 微型机是指以微处理器为核心，加上存储器、输入 / 输出接口和系统总线构成的计算机

    D. 如果在一块芯片中包含了微处理器、存储器和接口等微型计算机最基本的配置，则这种芯片称为单片机

3. 对财务数据进行分类、统计、检索，此时计算机的用途表现为（　　）。

    A. 科学计算　　　　　　B. 实时控制　　　　　C. 计算机辅助设计　　D. 数据处理

4. CAI 的含义是（　　）。

    A. 计算机辅助设计　　　　　　　　　　B. 计算机辅助教学

    C. 计算机辅助制造　　　　　　　　　　D. 计算机辅助测试

5. 计算机有多种技术指标，而决定计算机计算精度的是（　　）。

    A. 运算速度　　　　　　B. 字长　　　　　　　C. 存储容量　　　　　D. 进位数制

6. 按电子计算机传统的分代方法，第一代至第四代计算机依次是（　　）。

    A. 机械计算机，电子管计算机，晶体管计算机，集成电路计算机

    B. 晶体管计算机，集成电路计算机，大规模集成电路计算机，光器件计算机

    C. 电子管计算机，晶体管计算机，小、中规模集成电路计算机，大规模和超大规模集成电路计算机

    D. 手摇机械计算机，电动机械计算机，电子管计算机，晶体管计算机

7. 键盘上的【Ctrl】键、【Shift】键、【Alt】键分别称为（　　）。

    A. 控制键、上档键、替换键　　　　　　B. 控制键、替换键、上档键

    C. 替换键、控制键、上档键　　　　　　D. 上档键、替换键、控制键

8. 关于键盘，以下说法中错误的是（　　）。

A. 要敲出 %，必须先按住【Ctrl】键，再按【5】键

B.【Insert】键可用于字符的插入操作

C.【CapsLock】键用于字母的大小写切换

D.【Esc】键位于键盘的左上角

9. 冯·诺依曼体系结构计算机硬件系统的五大部件是（　　　）。

A. 输入设备、运算器、控制器、存储器、输出设备

B. 键盘和显示器、运算器、控制器、存储器和电源设备

C. 输入设备、中央处理器、硬盘、存储器和输出设备

D. 键盘、主机、显示器、硬盘和打印机

10. 当代微型机中所采用的电子元件器是（　　　）。

A. 电子管　　　　　　　　　　　　　　B. 晶体管

C. 小规模集成电器　　　　　　　　　　D. 大规模和超大规模集成电器

11. 下列说法中正确的是（　　　）。

A. 同一个汉字输入码的长度随输入方法不同而不同

B. 一个汉字的机内码与它的国标码长度是相同的，且均为 2 字节

C. 不同汉字机内码的长度是不同的

D. 同一个汉字用不同的输入法输入时，其机内码是不同的

12. 下列存储器中存储速度最快的是（　　　）。

A. 内存　　　　　B. 硬盘　　　　　C. 光盘　　　　　D. 软盘

13. 在微机的硬件设备中，有一种设备在程序设计中既可以当作输出设备，又可以当作输入设备，这种设备是（　　　）。

A. 网络摄像头　　　B. 手写笔　　　　C. 磁盘驱动器　　　D. 绘图仪

14. 中央处理器（CPU）主要由（　　　）组成。

A. 控制器和内存　　B. 运算器和控制器　　C. 控制器和寄存器　　D. 运算器和内存

15. 下列各组设备中，完全属于外围设备的一组是（　　　）。

A. CPU、硬盘和打印机　　　　　　　　B. CPU、内存和 U 盘

C. 内存、显示器和键盘　　　　　　　　D. 硬盘、光盘和键盘

16. 个人计算机属于（　　　）。

A. 小型计算机　　　B. 巨型计算机　　　C. 大型主机　　　D. 微型计算机

17. 微型计算机主机的主要组成部分是（　　　）。

A. 运算器和控制器　　　　　　　　　　B. CPU 和内存储器

C. CPU 和硬盘存储器　　　　　　　　　D. CPU、内存储器和硬盘

18. 操作系统是计算机的软件系统中（　　　）。

A. 最常用的应用软件　　　　　　　　　B. 最核心的系统软件

C. 最通用的专用软件　　　　　　　　　D. 最流行的通用软件

19. 在微机系统中，麦克风属于（　　　）。

A. 输入设备　　　　B. 输出设备　　　　C. 放大设备　　　　D. 播放设备

20. 下列关于 CPU 的叙述中，正确的是（　　　）。

A. CPU 能直接读取硬盘上的数据　　　　B. CPU 能直接与内存储器交换数据

C．CPU 主要组成部分是存储器和控制器　　　　D．CPU 主要是用来执行算术运算

21. 组成一个计算机系统的两大部分是（　　　）。

    A．系统软件和应用软件　　　　　　　　　　B．主机和外围设备

    C．硬件系统和软件系统　　　　　　　　　　D．主机和输入 / 输出设备

22. 下列软件中，属于应用软件的是（　　　）。

    A．Windows 10　　　　B．PowerPoint 2016　　　C．UNIX　　　　D．Linux

23. 下列叙述中，正确的是（　　　）。

    A．内存中存放的是当前正在执行的应用程序和所需的数据

    B．内存中存放的是当前暂时不用的程序和数据

    C．外存中存放的是当前正在执行的应用程序和所需的数据

    D．内存中只能存放指令

24. 下列叙述中正确的是（　　　）。

    A．用高级程序语言编写的程序称为源程序

    B．计算机能直接识别并执行用汇编语言编写的程序

    C．机器语言编写的程序执行率最低

    D．高级语言编写的程序的可移植性最差

25. 下列叙述中错误的是（　　　）。

    A．硬盘在主机箱内，它是主机的组成部分

    B．硬盘属于外部存储器

    C．硬盘驱动器即可做输入设备又可做输出设备用

    D．硬盘与 CPU 之间不能直接交换数据

26. 当电源关闭后，下列关于存储器的说法中，正确的是（　　　）。

    A．存储在 RAM 中的数据不会丢失

    B．存储在 ROM 中的数据不会丢失

    C．存储在 U 盘中的数据会全部丢失

    D．存储在移动硬盘中的数据会丢失

27. 下列各组设备中，全部属于输入设备的一组是（　　　）。

    A．键盘、磁盘和打印机　　　　　　　　　　B．键盘、扫描仪和鼠标

    C．键盘、鼠标和显示器　　　　　　　　　　D．硬盘、打印机和键盘

28. 如果键盘上的（　　　）指示灯亮着，表示按【a】键输入英文的大写字母 A。

    A．【Caps Lock】　　　B．【Num Lock】　　　C．【Scroll Lock】　　　D．以上答案都不对

29. 下列选项中，不属于显示器主要技术指标的是（　　　）。

    A．重量　　　　　　　　B．分辨率　　　　　　C．像素的点距　　　　D．显示器的尺寸

30. 微型计算机外存储器是指（　　　）。

    A．RAM　　　　　　　　B．ROM　　　　　　　C．硬盘　　　　　　　D．虚盘

31. 把存储在硬盘上的程序传送到指定的内存区域中，这种操作称为（　　　）。

    A．输出　　　　　　　　B．写盘　　　　　　　C．输入　　　　　　　D．读盘

32. 计算机能直接识别、执行的语言是（　　　）。

    A．机器语言　　　　　　B．汇编语言　　　　　C．高级程序语言　　　D．C 语言

33. 用户可用内存通常是指（　　　）。

    A. RAM　　　　　　　B. ROM　　　　　　　C. Cache　　　　　　　D. CD-ROM

34. 任何程序都必须加载到（　　　）中才能被 CPU 执行。

    A. 磁盘　　　　　　　B. 硬盘　　　　　　　C. 内存　　　　　　　D. 外存

35. 1 GB 的标准值是（　　　）。

    A. 1 024×1 024 B　　　B. 1 024 KB　　　　　C. 1 024 MB　　　　　D. 1 000×1 000 KB

36. 数据在计算机内部传送、处理和存储时，采用的数制是（　　　）。

    A. 十进制　　　　　　B. 二进制　　　　　　C. 八进制　　　　　　D. 十六进制

37. 十进制数 121 转换成二进制整数是（　　　）。

    A. 1111001　　　　　　B. 111001　　　　　　C. 1001111　　　　　　D. 100111

38. 一个汉字的机内码长度为 2 字节，其每个字节的最高二进制位的值分别为（　　　）。

    A. 0，0　　　　　　　B. 1，1　　　　　　　C. 1，0　　　　　　　D. 0，1

39. 在下列字符阵中，其 ASCII 码值最大的一个是（　　　）。

    A. Z　　　　　　　　B. 9　　　　　　　　C. 空格字符　　　　　D. a

40. 二进制数 1100100 等于十进制数（　　　）。

    A. 96　　　　　　　　B. 100　　　　　　　C. 104　　　　　　　D. 112

二、判断题

1. 利用计算机预测天气情况属于计算机应用领域中的过程控制。　　　　　　　　　（　　　）

    A. 正确　　　　　　　　　　　　　　　　B. 错误

2. 用计算机进行文字编辑处理是计算机信息处理方面的应用。　　　　　　　　　　（　　　）

    A. 正确　　　　　　　　　　　　　　　　B. 错误

3. CD-ROM 是一种只读存储器但不是内存储器。　　　　　　　　　　　　　　　（　　　）

    A. 正确　　　　　　　　　　　　　　　　B. 错误

4. 位 (bit) 是表示存储容量的基本单位。　　　　　　　　　　　　　　　　　　（　　　）

    A. 正确　　　　　　　　　　　　　　　　B. 错误

5. CAM 是计算机辅助教学。　　　　　　　　　　　　　　　　　　　　　　　（　　　）

    A. 正确　　　　　　　　　　　　　　　　B. 错误

6. 在微型计算机内部，对汉字进行传输、处理和存储时使用汉字的国标码。　　　（　　　）

    A. 正确　　　　　　　　　　　　　　　　B. 错误

7. ROM 中的信息是由计算机制造厂预先写入的。　　　　　　　　　　　　　　（　　　）

    A. 正确　　　　　　　　　　　　　　　　B. 错误

8. 计算机硬件主要包括主机、键盘、显示器、鼠标和打印机五大部件。　　　　　（　　　）

    A. 正确　　　　　　　　　　　　　　　　B. 错误

9. UNIX 是一种操作系统。　　　　　　　　　　　　　　　　　　　　　　　（　　　）

    A. 正确　　　　　　　　　　　　　　　　B. 错误

10. 随机存取存储器 (RAM) 的最大特点是：一旦断电，存储在其上的信息将全部消失，且无法恢复。　　　　　　　　　　　　　　　　　　　　　　　　　　　　　　　　（　　　）

    A. 正确　　　　　　　　　　　　　　　　B. 错误

模块五

Windows 10 操作系统的使用

操作系统是计算机最基本的系统软件，是计算机正常使用的根本保证，不同的操作系统其对计算机的操作要求是不一样的，目前主流的操作系统是微软公司的 Windows，本书基于 Windows 10 进行讲解。

本模块学习目标

知识目标：

了解 Windows 10 操作系统和网络基础知识；

掌握 Windows 10 操作系统基本操作以及 Windows 10 操作系统连接互联网的方法。

能力目标：

能够熟练使用 Windows 10 操作系统。

素质目标：

具备严谨的科学态度和实事求是的工作作风。

任务一　掌握 Windows 10 操作系统的基本操作

任务描述

Windows 10 是微软公司继 Windows 8 之后推出的操作系统。Windows 10 操作系统需掌握的常用基本操作有：设置桌面背景、设置登录账户密码保护、任务栏上图标的添加和移除、多窗口切换、资源管理器关键字搜索、文件简介及其基本操作、设置系统日期和时间、隐藏与显示文件或文件夹等。

知识链接

（一）设置桌面背景

在 Windows 10 操作系统中，于桌面的空白处右击，选择弹出快捷菜单中的"个性化"命令，如图 5-1 所示。

打开"个性化"窗口，选择"背景"选项，在其右侧区域单击"浏览"按钮选择一张图片，如图 5-2 所示，即可更换桌面背景。

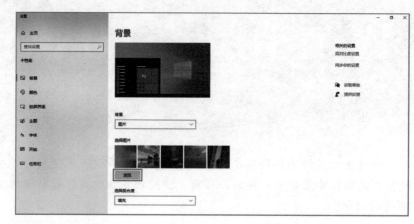

图 5-1　选择"个性化"命令　　　　　　　　　　　图 5-2　设置背景

（二）设置登录账户密码保护

为计算机添加密码保护，则在进入系统之前必须先输入正确密码才能进入 Windows 10 操作系统，可用来保护自己的数据信息不被他人窃取或更改。

在"此电脑"图标上右击，选择"管理"命令，如图 5-3 所示。

进入"计算机管理"界面，找到"本地用户和组"选项，在"用户"中找到当前账户"Administrator"并右击，选择"设置密码"命令，如图 5-4 所示。

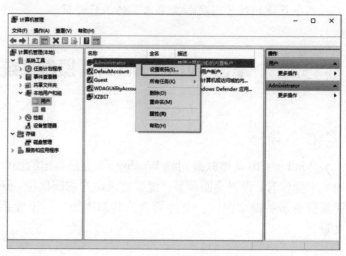

图 5-3　选择"管理"命令　　　　　　　　　　　图 5-4　"计算机管理"界面

设置密码时输入的"新密码"和"确认密码"应保持一致，且尽可能复杂一些，如选择大小写字母、数字和特殊字符进行组合以提升密码安全性，并牢记此密码，如图 5-5 所示。

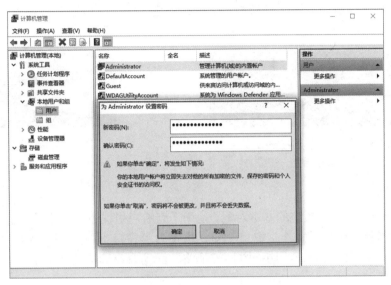

图 5-5　设置密码界面

（三）任务栏上图标的添加和移除

任务栏上的图标放置常用的软件，可作为快速启动项，能达到提高操作效率的目的。添加图标到任务栏有三种常用方法，从任务栏中移除图标有一种常用方法。

添加图标到任务栏的第一种方法：直接拖动程序图标到任务栏。对于未运行的程序，可以直接将程序图标拖动到任务栏上固定，添加为快捷启动项，如图 5-6 所示。

添加图标到任务栏的第二种方法：直接在桌面的程序图标上右击，选择"固定到任务栏"命令即可，如图 5-7 所示。

图 5-6　拖动未运行的图标固定到任务栏

图 5-7　在桌面的程序图标快捷菜单中
选择"固定到任务栏"

添加图标到任务栏的第三种方法：在任务栏中已打开的程序图标上右击，选择"固定到任务栏"命令即可，如图5-8所示。

从任务栏中移除图标的方法比较简单，直接在相应图标上右击，选择"从任务栏取消固定"命令即可，如图5-9所示。

图 5-8　在任务栏中已打开的程序图标快捷菜单中
选择"固定到任务栏"

图 5-9　从任务栏中移除图标

（四）多窗口切换

窗口是 Windows 10 操作系统的基本对象，是用于查看应用程序或文件等信息的一个矩形窗口。Windows 中有应用程序窗口、文件夹窗口和对话框窗口等窗口类型。Windows 可以同时打开多个窗口，但一般只有一个活动窗口。切换窗口就是将非活动窗口切换为活动窗口，切换方法有以下两种常用方法。

1. 使用【Alt + Tab】组合键

使用【Alt + Tab】组合键，屏幕中间会出现一个矩形区域，显示所有打开的应用程序和文件夹等图标。按住【Alt】键不放，反复按【Tab】键则图标会被矩形框线轮流围住以突出显示。当选中要切换的窗口时，再松开【Alt】键即可。

2. 使用【Windows + Tab】组合键

使用【Windows + Tab】组合键，屏幕中会出现最近时间线中所有单击过的应用程序和文件夹等图标，直接单击想要切换的窗口即可。需要注意的是，若有历史文件移动了位置，则不能直接跳转到相应的应用程序或文件中。

（五）资源管理器关键字搜索

Windows 10 使用了全新的资源管理器，双击桌面上的"此电脑"图标，可打开资源管理器的窗口，如图5-10所示。

视　频

模块五　资源管理器关键字搜索

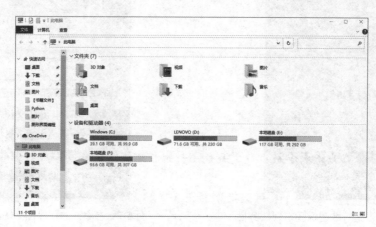

图 5-10　Windows 10 资源管理器窗口

　　随着硬盘技术的发展，硬盘容量不断增大，能存储的文件也越来越多，但相应地寻找特定文件可能要花更多的时间。Windows 10 加强了文件的搜索功能，资源管理器的搜索框位于其右上角，用户可以搜索指定文件，也可以搜索指定类型或关键字的文件。

　　搜索时可结合通配符进行操作，常用的通配符有"*"和"?"，其中"*"代表多个任意字符，"?"代表一个任意字符。例如，搜索 D 盘中所有以 .ppt 为扩展名的演示文稿类型文件，可以在搜索框中输入"*.ppt"进行查询，如图 5-11 所示。

图 5-11　Windows 10 资源管理器关键字搜索

（六）文件简介及其基本操作

　　文件是一组相关信息的集合，它可以是一个应用程序、一段文字、一张图片、一部电影或一首音乐等。在磁盘上存储的一切信息都以文件的形式保存，计算机中有很多种类的文件，根据文件中信息的类别，可将文件分为系统文件、数据文件、程序文件和文本文件等类型。

　　每个文件都必须有对应的文件名，文件名由主名和扩展名两部分组成，它们中间用点"."分隔。其中主名为用户根据文件用途自定义的名称，扩展名用于说明该文件的类型。Windows 10 操作系统对扩展名和文件类型有特殊的约定，常见的扩展名即相应的文件类型见表 5-1。

表 5-1　常见的扩展名及对应的文件类型

扩 展 名	文件类型	扩 展 名	文件类型
.txt	文本文档	.doc、.docx	字处理文件
.exe	可执行文件	.xls、.xlsx	电子表格文件
.htm、.html	超文本文件	.ppt、.pptx	演示文稿文件
.jpg、.png、.gif、.bmp	图片文件	.zip、.rar	压缩文件
.bat	批处理文件	.bak	备份文件
.sys、.dll、.adt	系统文件	.tmp	临时文件
.mp3、.wma、.mov	音频文件	.ini	系统配置文件
.mp4、.wmv、.mpg	视频文件	.obj	目标代码文件

为避免文件管理发生混乱，Windows 10 操作系统规定，同一文件夹中的文件名不能完全相同，即同一个文件夹中两个文件的主名和扩展名不能完全相同。

在不同的文件夹中可以对文件进行复制、粘贴、剪切等操作，文件内部还可以进行全选、保存、撤销等操作，除在相应的文件上通过快捷菜单选择对应操作外，也可以使用快捷组合键，见表 5-2。

表 5-2　常见的文件快捷组合键操作

快捷组合键	对应的操作	快捷组合键	对应的操作
Ctrl + A	全选	Ctrl + X	剪切
Ctrl + S	保存	Ctrl + C	复制
Ctrl + Z	撤销	Ctrl + V	粘贴

除此之外，按【Delete】键可以删除选中的文件，按【F2】键可以对文件或文件夹进行重命名操作。

（七）设置系统日期和时间

单击左下角的搜索框，输入关键字"日期和时间"，如图 5-12 所示。

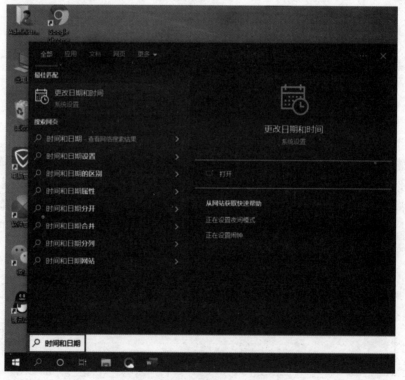

图 5-12　搜索关键字"日期和时间"

单击"更改日期和时间"，进入"日期和时间"界面，如图 5-13 所示。若已连接互联网，则单击下方"立即同步"按钮即可。

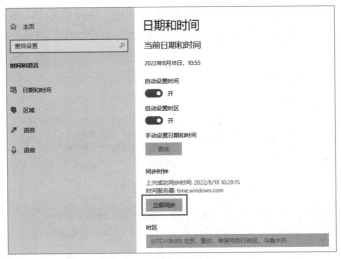

图 5-13　自动同步时间

　　若未连接互联网，则将"自动设置时间"设置为关，此时"手动设置日期和时间"可以选择，单击此选项后可手动更改日期和时间，如图 5-14 所示。

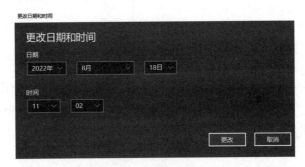

图 5-14　手动同步时间

（八）隐藏与显示文件或文件夹

　　隐藏文件或文件夹的方法：右击需要隐藏的文件或文件夹，选择"属性"命令，勾选"隐藏"复选框，单击"确定"按钮，弹出"确认属性更改"对话框，一般选择默认选项，如图 5-15 所示，单击"确定"按钮。

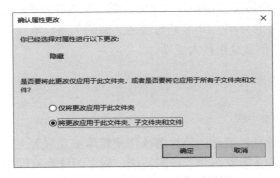

图 5-15　"确认属性更改"对话框

取消隐藏文件或文件夹的方法：在"查看"选项卡勾选"隐藏的项目"复选框，如图 5-16 所示，即可显示或隐藏文件；也可以右击隐藏文件，选择"属性"命令，在"属性"对话框中取消勾选"隐藏"复选框，单击"确定"按钮。

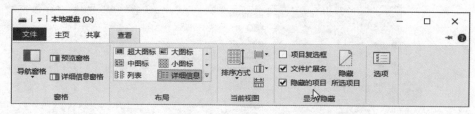

图 5-16 "查看"选项卡

例如，隐藏和显示 D 盘中的"学生个人资料"文件夹。操作如下：

打开 D 盘，选择名为"学生个人资料"文件夹右击，选择"属性"命令，勾选"隐藏"复选框，单击"确定"按钮，确定"确认属性更改"对话框，此时文件夹图标颜色变淡，再在"查看"选项卡"隐藏的项目"复选框的勾选去掉，此时文件夹图标不可见。

在"查看"选项卡勾选"隐藏的项目"复选框，又可显示出被隐藏的"学生个人资料"文件夹。

任务实施

在学习了知识链接的内容之后，请完成以下操作：

（1）在计算机上设置自己喜欢的图片作为桌面背景。

（2）为计算机设置密码保护并牢记密码。

（3）在任务栏上添加和移除浏览器的图标，打开多窗口进行切换操作，打开资源管理器搜索所有以".txt"为扩展名的文件并复制其中一个文件到桌面，然后将此文件的属性设置为"隐藏"，另校对系统时间为当前北京时间。

任务二　Windows 10 操作系统连接互联网

任务描述

在通过 Windows 10 操作系统连接互联网之前，需要知道计算机网络的发展历程、计算机网络的组成和功能、计算机网络的分类、IP 地址与域名之间的关系，本任务要求掌握将台式计算机和笔记本电脑接入互联网，并测试是否接入成功。

知识链接

（一）计算机网络的发展历程

若干具有独立功能的计算机通过通信设备及传输媒体被互联起来，在通信软件的支持下，实现计算机间资源共享、信息交换或协同工作的系统，称之为计算机网络。通信技术与计算机技术的结合是产生计算机网络的基本条件，一方面，通信网络为计算机之间的数据传送和交换提供了必要的手段；另一方面，计算机技术的发展渗透到通信技术中，又提高了通信网络的各种性能。计算机网络的发展历程如下。

1. 以数据通信为主的第一代计算机网络

1954 年，美国的半自动地面防空系统（SACE）将远距离的雷达和测控仪器所探测到的信息，通过线路汇集到某个基地的一台 IBM 计算机上进行集中的信息处理，再将处理好的数据通过通信线路送回到各自的终端设备（Terminal）。这种把终端设备（如雷达、测控仪器等，它本身没有数据处理能力）、通信线路、计算机连接起来的形式，就可以说是一个简单的计算机网络。这种以单个主机为中心、面向终端设备的网络结构称为第一代计算机网络。

第一代计算机网络系统中除主计算机（Host）具有独立的数据处理能力外，系统中所连接的终端设备均无独立处理数据的能力。由于终端设备不能为中心计算机提供服务，因此终端设备与中心计算机之间不提供相互的资源共享，网络功能以数据通信为主。

2. 以资源共享为主的第二代计算机网络

20 世纪 60 年代中期，美国出现了将若干台计算机互联起来的系统。这些计算机之间不但可以彼此通信，还可以实现与其他计算机之间的资源共享。成功的典型就是美国国防部高级研究计划署（Advanced Research Project Agency, ARPA）在 1969 年将分散在不同地区的计算机组建成的 ARPA 网，它也是 Internet 的最早发源地。最初的 ARPA 网只连接了四台计算机。到 1972 年，有 50 余家大学和研究所与 ARPA 网连接。1983 年，已有 100 多台不同体系结构的计算机连接到 ARPA 网上。ARPA 网在网络的概念、结构、实现和设计方面奠定了计算机网络的基础，它标志着计算机网络的发展进入了第二代。

3. 体系标准化的第三代计算机网络

由于 ARPA 网的成功，到了 20 世纪 70 年代，不少公司推出了自己的网络体系结构，最著名的就是 IBM 公司的 SNA（System Network Architecture）和 DEC 公司的 DNA（Digital Network Architecture）。体系结构出现后，对同一体系结构的网络设备互联是非常容易的，但对不同体系结构的网络设备互联十分困难。然而，社会的发展迫使不同体系结构的网络都要能互联。因此，国际标准化组织（International Standard Organization，ISO）在 1977 年设立了一个分委员会，专门研究网络通信的体系结构，该委员会经过多年艰苦的工作，于 1983 年提出了著名的开放系统互联参考模型（Open System Interconnection Basic Reference Model，OSI），给网络的发展提供了一个可以遵循的规则。从此，计算机网络走上了标准化的轨道。体系结构标准化的计算机网络称为第三代计算机网络。

4. 以 Internet 为核心的第四代计算机网络

进入 20 世纪 90 年代，Internet 的建立把分散在各地的网络连接起来，形成一个跨越国界范围、覆盖全球的网络。Internet 已成为人类最重要、最大的知识宝库。网络互联和以异步传输模式技术（Asynchronous Transfer Mode，ATM）为代表的高速计算机网络技术的发展，使计算机网络进入到第四代。

随着信息高速公路计划的提出和实施，Internet 在地域、用户、功能和应用等方面不断拓展，当今的世界已进入一个以网络为中心的时代，网上传输的信息已不仅仅限于文字、数字等文本信息，越来越多的包括声音、图形、视频在内的多媒体信息在网上交流。网络服务层出不穷并急剧增长，其重要性和对人类生活的影响与日俱增。

（二）计算机网络的组成和功能

计算机网络分成通信子网和资源子网两部分。

通信子网处于网络的内层，由网络中的通信控制处理机（Communication Control Processor，CCP）、其他通信设备、通信线路和只用作信息交换的计算机组成，负责完成网络数据传输、转发等通信处理任务。当前通信子网一般由路由器、交换机和通信线路组成。

资源子网处于网络的外围，由主机系统、终端、终端控制器、外设、各种软件资源和信息资源组成，负责全网的数据处理业务，向网络用户提供各种网络资源和网络服务。主机系统是资源子网的主要组成部分，它通过高速通信线路与通信子网的通信控制处理机相连接。普通用户终端可通过主机系统连接入网。

计算机网络的功能主要体现在信息交换、资源共享和分布式处理三方面。信息交换功能是计算机网络最基本的功能，主要完成网络中各个节点之间的通信，人们可以在网上传送电子邮件，发布新闻消息，进行电子商务、远程教育、远程医疗等活动。资源指的是网络中所有的软件、硬件和数据；共享指的是网络中的用户都能够部分或全部地使用这些资源。分布式处理指的是当某台计算机负担过重时，或该计算机正在处理某项工作时，网络可将任务转交给空闲的计算机来完成，这样处理能均衡各计算机的负载，提高处理问题的实时性；对大型综合性问题，可将问题各部分交给不同的计算机分头处理，充分利用网络资源，扩大计算机的处理能力，对解决复杂问题来讲，多台计算机联合使用并构成高性能的计算机体系，这种协同工作、并行处理要比单独购置高性能的大型计算机便宜得多。

（三）计算机网络的分类

计算机网络的分类方式有很多种，可以按地理范围、传输速率、传输介质和拓扑结构等进行分类。

1. 按地理位置分类

（1）局域网（Local Area Network，LAN）。局域网地理范围一般几百米到 10 km 之内，属于小范围内的连网，如一个建筑物内、一个学校内、一个工厂的厂区内等。局域网的组建简单、灵活，使用方便。

（2）城域网（Metropolitan Area Network，MAN）。城域网地理范围可从几十千米到上百千米，可覆盖一个城市或地区，是一种中等形式的网络。

（3）广域网（Wide Area Network，WAN）。广域网地理范围一般在几千千米左右，属于大范围连网。如几个城市，一个或几个国家，是网络系统中的最大型的网络，能实现大范围的资源共享，如国际性的 Internet。

2. 按传输速率分类

网络的传输速率有快有慢，传输速率快的称高速网，传输速率慢的称低速网。传输速率的单位是 bit/s。一般将传输速率在 kbit/s ~ Mbit/s 范围的网络称低速网，在 Mbit/s ~ Gbit/s 范围的网称高速网。

网络的传输速率与网络的带宽有直接关系。带宽是指传输信道的宽度，带宽的单位是 Hz（赫[兹]）。按照传输信道的宽度可分为窄带网和宽带网。一般将 kHz ~ MHz 带宽的网称为窄带网，将 MHz ~ GHz 的网称为宽带网。

3. 按传输介质分类

传输介质采用有线介质连接的网络称为有线网，常用的有线传输介质有双绞线、同轴电缆和光导纤维。其中光导纤维目前使用较为广泛，光缆的优点是不会受到电磁的干扰，传输的距离也比电缆远，传输速率高。

采用无线介质连接的网络称为无线网。目前无线网主要采用三种技术：微波通信、红外线通信和激光通信。这三种技术都是以大气为介质的。其中微波通信用途最广，目前卫星网就是一种特殊形式的微波通信，它利用地球同步卫星作中继站来转发微波信号，一个同步卫星可以覆盖地球的 1/3 以上表面，三个同步卫星就可以覆盖地球上全部通信区域。

4. 按拓扑结构分类

计算机网络的物理连接形式称为网络的物理拓扑结构。计算机网络中常用的拓扑结构有总线、星状、环状、树状等。

总线拓扑结构是一种共享通路的物理结构。这种结构中总线具有信息的双向传输功能，普遍用于局域网的连接，总线一般采用同轴电缆或双绞线。其优点是安装容易，扩充或删除一个节点很容易，不需停止网络的正常工作，节点的故障不会殃及系统，且信道的利用率高。缺点是由于信道共享，连接的节点不宜过多，并且总线自身的故障可以导致系统的崩溃。

星状拓扑结构是一种以中央节点为中心，把若干外围节点连接起来的辐射式互联结构。这种结构适用于局域网，特别是近年来连接的局域网大都采用这种连接方式。这种连接方式以双绞线或同轴电缆作连接线路。其特点是：安装容易，结构简单，费用低，通常以集线器（Hub）作为中央节点，便于维护和管理。

环状拓扑结构是将网络节点连接成闭合结构。信号顺着一个方向从一台设备传到另一台设备，每一台设备都配有一个收发器，信息在每台设备上的延时时间是固定的。其优点是安装容易，费用较低，电缆故障容易查找和排除，有些网络系统为了提高通信效率和可靠性，采用了双环结构，即在原有的单环上再套一个环，使每个节点都具有两个接收通道。缺点是当节点发生故障时，整个网络就不能正常工作。

树状拓扑结构就像一棵"根"朝上的树，与总线拓扑结构相比，主要区别在于总线拓扑结构中没有"根"。这种拓扑结构的网络一般采用同轴电缆，用于军事单位、政府部门等上下界限相当严格和层次分明的部门。其优点是容易扩展，故障也容易分离处理。缺点是整个网络对根的依赖性很大，一旦网络的根发生故障，整个系统就不能正常工作。

（四）IP 地址与域名

1. IP 地址的组成与表示

IP 地址是 TCP/IP 中所使用的网络层地址标识，是网络上任意一台设备用来区别于其他设备的标志，不可争用。主要有 IPv4 和 IPv6 两个版本，目前广泛采用的是 IPv4 版本。根据 TCP/IP 的规定，IP 地址用 4 个字节共 32 位二进制数表示，由网络号和主机号两部分组成，其中网络号用来标识互联网中的一个特定网络；主机号用来标识该网络中主机的一个特定连接。

视频

模块五 IP
地址与域名

为了表示和管理的方便将 IP 地址使用点分十进制表示。点分十进制是将每个字节的二进制数转化为 0 ~ 255 之间的十进制数，各字节之间采用"."分隔。例如：11000000101010000000111100001010

可表示为 192.168.15.10。每个十进制整数的最大值都不会超过 255。

2. IP 地址的分类

为适应不同大小的网络，因特网定义了五种类型的 IP 地址，即 A、B、C、D、E 类，使用较多的是 A、B、C 类，D 类用于多播，E 类为保留使用的地址。五类 IP 地址的构成情况如图 5-17 所示。

位	首字节								第二个字节	第三个字节	第四个字节
	0	1	2	3	4	5	6	7	8……15	16……23	24……31
A 类	0	网络地址（数目少），占7位							主机地址（数目多），占24位		
B 类	1	0	网络地址（数目中等），占14位							主机地址（数目中等），占16位	
C 类	1	1	0	网络地址（数目多），占21位							主机地址（数目少），占8位
D 类	1	1	1	0	组播地址（Multicast），占28位						
E 类	1	1	1	1	0	保留使用					

图 5-17　IP 地址的构成

（1）A 类地址。用于支持超大型网络，第一字节的第一位固定为 0，其余 7 位表示网络号。第二、三、四个字节共计 24 个比特位，用于表示主机号，其构成如图 5-18 所示。

A类　Net ID（8位）　Host ID（24位）

图 5-18　A 类地址结构

通过网络号和主机号的位数，可以知道 A 类地址的网络数为 2^7（128）个，每个网络包含的主机数为 2^{24}（16 777 216）个，A 类地址的范围是 0.0.0.0 ~ 127.255.255.255，地址范围如图 5-19 所示。

由于网络号 0 和 127 被保留用于特殊目的，所以 A 类地址的有效网络数为 2^7-2（126）个，其范围为 1 ~ 126。另外，主机号全为 0 和全为 1 也有特殊作用，所以每个网络号包含的主机数目应该是 2^{24}-2（16 777 214）个。因此，一台主机能够使用的 A 类地址的有效范围是 1.0.0.1 ~ 126.255.255.254。

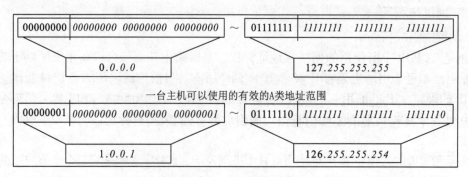

图 5-19　A 类地址范围

（2）B 类地址。用于支持大中型网络，前两位固定为 10，剩下的 6 位和第二字节的 8 位共 14 个比特位用来表示网络号。第三、四字节共计 16 个比特位，用于表示主机号，其构成如图 5-20 所示。

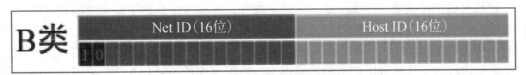

图 5-20　B 类地址结构

B 类地址的网络数为 2^{14} 个，每个网络包含的主机数为 2^{16} 个（实际有效的主机数是 2^{16}-2），由于主机号全为 0 和全为 1 有特殊作用，所以 B 类地址的有效范围是 128.0.0.1 ～ 191.255.255.254。

（3）C 类地址。用于支持小型网络，前三位固定为 110，剩下的 5 位和第二、三字节的 16 位共 21 个比特位用来表示网络号。第四字节共计 8 个比特位，用于表示主机号，其构成如图 5-21 所示。

图 5-21　C 类地址结构

C 类地址的网络数为 2^{21} 个，每个网络包含的主机数为 2^8 个（实际有效的主机数是 2^8-2），由于主机号全为 0 和全为 1 也有特殊作用，所以 C 类地址的有效范围是 192.0.0.1 ～ 223.255.255.254。

（4）D 类地址。用于支持多播，所谓多播就是能同时把数据发送给一组主机，只有那些已经登记可以接收多播地址的主机才能接收多播的数据包。D 类地址第一字节前四位为 1110，它是一类专门用途的地址，并不指向特定网络，D 类地址的范围是 224.0.0.1 ～ 239.255.255.254。

（5）E 类地址。第一字节前四为 1111，E 类地址是为将来预留的，同时也用于实验目的，但它们不能被分配给主机。E 类地址的范围是 240.0.0.1 ～ 255.255.255.254。

由于因特网上计算机数量不但增多，IP 地址匮乏，因此 IP 地址在标准分类的基础上还可通过增加子网掩码来灵活分配 IP 地址，使之最大化利用。总之，要判断一个 IP 地址是属于哪一类 IP，只要看第一个字节二进制数转化为十进制数后的数值即可。

3. 域名

为了方便记忆和使用，TCP/IP 推行了一种字符型的主机命名机制，这就是域名（Domain Name），它是一组具有代替 IP 地址作用的英文简写。例如，百度网站，一般使用者在浏览这个网站时，都会输入 www.baidu.com，而很少有人会记住这台服务器的 IP 地址是多少，就如同人们在称呼朋友时，一般是喊他的名字，而没有人会去喊他的身份证号码。

由于在 Internet 上真正区分主机的还是 IP 地址，所以当使用者输入域名后，浏览器必须要先去一台有域名和 IP 地址对应关系的数据库主机中去查询这台主机的 IP 地址，而这台被查询的主机称为域名服务器（Domain Name Server），由域名地址转换到 IP 地址的过程称为域名解析服务

（Domain Name Resolution Service），这种由客户端查询到服务器端解析所构成的系统称为域名系统（Domain Name System，DNS）。

域名的命名采用层次化的树状结构，因看似一棵倒挂的树，故也称域树结构。其结构分为不同级别，包括根域、顶级域、一级子域、二级子域等，各层次结构的子域名之间用点隔开，最高域名位于结构中的最右边称，主机名位于最左边。根节点仅代表域名命名空间的根，不代表任何具体的域，称为根域（root）。顶级域的划分采用了两种划分模式，即组织模式和地理模式。除美国采用组织模式外，其他各国均采用地理模式。组织模式最初只有 6 个，分别是 com（商业机构）、edu（教育单位）、gov（政府部门）、mil（军事单位）、net（提供网络服务的系统）和 org（非商业机构的组织），后来又增加了一个为国际性组织所使用的 int；地理模式是指代表不同国家或地区的顶级域，如 cn 表示中国、us 表示美国、uk 表示英国、jp 表示日本等。

域名使用的规则包括：

（1）只能以字母字符开头，以字母字符或数字字符结尾，其他位置可用字符、数字、连字符或下划线。

（2）域名不区分大小写。

（3）整个域名的长度不可以超过 255 个字符。

（4）一台计算机一般只能拥有一个 IP 地址，但可以拥有多个域名地址。

（5）IP 地址与域名间的转换必须通过域名服务器解析完成。

4. 域名解析

域名解析是指将域名转换成对应的 IP 地址的过程，它主要由 DNS 服务器来完成。DNS 使用了分布式的域名数据库，以层次型结构分布在世界各地，每台 DNS 服务器只存储了本域名下所属各域的 DNS 数据。当客户端需要将某主机域名转换成 IP 地址时，询问本地 DNS，当数据库中有该查询域名记录时，DNS 会直接做出回答。如果没有，本地 DNS 会向根 DNS 服务器发出查询请求。域名解析采用自顶向下的查询方法，从根服务器开始直到最低层的服务器。

（五）互联网的接入

互联网接入方式通常有专线连接、局域网连接、无线连接和电话拨号连接四种。对于小型企业用户和个人用户来说，使用电话拨号连接方式是最经济、简单、采用最多的一种方式，而无线连接方式也是当前流行的一种接入方式。

1. 台式机有线接入互联网

台式机一般使用电话拨号（ADSL，非对称数字用户线路）方式接入互联网。ADSL 接入方式是一种非对称式接入，即上下行速率是不同的，高速下行速率一般在 1.5 ～ 8 Mbit/s，低速上行速率一般在 16~64 kbit/s。采用 ADSL 接入因特网除了需要一台带有网卡的计算机和一条直拨电话线路外，还需向电信运营商申请办理 ADSL 业务，由相关服务部门负责安装话音分离器、ADSL 调制解调器（ADSL Modem）和拨号软件配置等。

若已开通和办理好 ADSL 业务，完成好硬件的连接工作，接下来可在计算机上配置 ADSL 宽带连接，其操作步骤如下：

单击左下角的搜索框，输入关键字"拨号"，如图 5-22 所示，选择"拨号设置"。

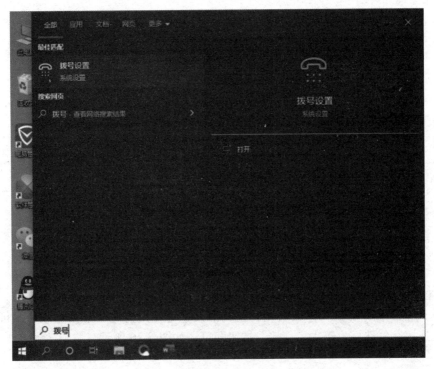

图 5-22　搜索关键字"拨号"

进入"网络和 Internet"界面，选择"拨号"选项中"设置新连接"，如图 5-23 所示。
选择"设置宽带或拨号连接，连接到 Internet"，如图 5-24 所示，单击"下一步"按钮。

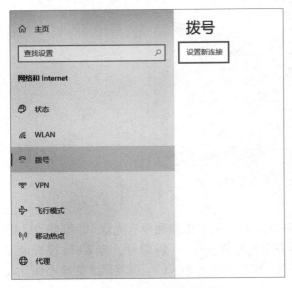

图 5-23　选择"设置新连接"

图 5-24　选择"连接到 Internet"

选择连接方式为"宽带（PPPoE）"，如图 5-25 所示，单击"下一步"按钮。

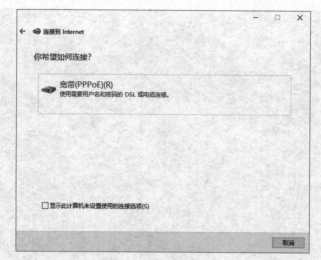

图 5-25　选择"宽带（PPPoE）"连接方式

　　输入电信运营商提供的账号和密码信息，如果以后连接时无须再重复输出密码，可勾选"记住此密码"复选框；若计算机为多人共用，且其他人也可使用此账号连接互联网，可勾选"允许其他人使用此连接"复选框，单击"连接"按钮即可，如图 5-26 所示。

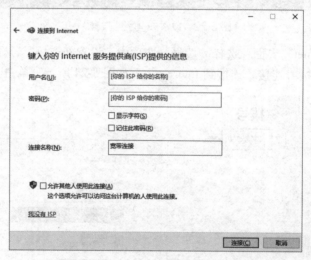

图 5-26　输入用户名和密码连接到互联网

　　2. 笔记本电脑无线接入互联网

　　笔记本电脑一般使用无线连接的方式接入互联网。若笔记本电脑周围有无线 Wi-Fi 热点，则可单击桌面右下角的无线图标，在弹出的 Wi-Fi 列表中选择相应的 Wi-Fi 即可。若 Wi-Fi 没有设置密码，则可以直接接入互联网；若 Wi-Fi 设置了密码，则需要输入相应的正确密码才能接入到互联网中。

　　3. 测试互联网是否接入成功

　　测试互联网是否接入成功有多种方式。现介绍其中较为简单的一种方法。打开浏览器，在设置中选择"清理痕迹"；清空所有缓存后，在地址栏中输入"www.baidu.com"查看页面是否成功刷新出来，若能进入百度页面，则表示互联网接入成功。

任务实施

在学习了知识链接的内容之后，完成以下操作：

1．通过查阅书籍并借助互联网工具，进一步了解计算机网络的发展历程、组成和功能。

2．将计算机接入互联网，连接成功后在浏览器输入 IP 地址"36.152.44.95"查看网页显示的内容。

3．分组讨论常用浏览器使用方法的区别。

实训	**Windows 10 操作系统的基本操作**

实训目的

（1）掌握 Windows 10 操作系统设置计算机登录密码。

（2）掌握 Windows 10 操作系统资源管理器关键字搜索。

（3）掌握 Windows 10 操作系统文件快捷组合键操作。

实训内容

（1）为计算机账户"Administrator"设置密码为"Password#123"进行保护。

（2）在资源管理器中的 C 盘里搜索所有以".exe"为扩展名的应用程序文件。

（3）在 D 盘新建文件夹命名为"学生数据"，将 C:\Windows\zh-CN 文件夹中的所有文件复制到"学生数据"文件夹中。

步骤提示

1．设置计算机登录密码

为计算机账户"Administrator"设置密码为"Password#123"进行保护。

（1）在"此电脑"图标上右击，选择"管理"命令。

（2）进入"计算机管理"界面，找到"本地用户和组"选项。

（3）在"用户"中找到当前账户"Administrator"，右击并选择"设置密码"命令。

（4）设置密码"Password#123"时输入的"新密码"和"确认密码"应保持一致。

2．资源管理器关键字搜索

在资源管理器中的 C 盘里搜索所有以".exe"为扩展名的应用程序文件。

（1）双击桌面上的"此电脑"图标，打开资源管理器的窗口，选择其中的 C 盘。

（2）在 C 盘右上角搜索框中输入"*.exe"进行查询。

3．文件快捷组合键操作

在 D 盘新建文件夹命名为"学生数据"，将 C:\Windows\zh-CN 文件夹中的所有文件复制到"学生数据"文件夹中。

（1）在 D 盘中右击，选择"新建文件夹"命令，再右击并选择重命名为"学生数据"。

（2）打开 C:\Windows\zh-CN 文件夹。

（3）选择"主页"→"全部选择"命令，或按【Ctrl+A】组合键，选定所有文件。

（4）选择"主页"→"复制"命令，或右击选定的文件并选择"复制"命令，或按【Ctrl+C】组合键。

（5）双击打开"学生数据"文件夹。

（6）选择"主页"→"粘贴"命令，或在空白处右击并选择"粘贴"命令，或按【Ctrl+V】组合键，把 zh-CN 文件夹内的所有文件复制到"学生数据"文件夹中。

习题五

一、选择题

1. 在"任务栏"中的任何一个按钮都代表着（　　）。

    A. 一个可执行程序 　　　　　　　　　B. 一个正在执行的程序

    C. 一个缩小的程序窗口 　　　　　　　D. 一个不工作的程序窗口

2. 欲将文件移动到别处，首先要进行的操作是（　　）。

    A. 粘贴 　　　　　B. 复制 　　　　　C. 删除 　　　　　D. 剪切

3. Windows 10 中，复制文件的快捷键是（　　）。

    A.【Ctrl+A】 　　　B.【Ctrl+C】 　　　C.【Ctrl+V】 　　　D.【Ctrl+S】

4. Windows 10 中，右击桌面后，在弹出的快捷菜单中选择（　　）命令，可以设置桌面背景。

    A. 显示设置 　　　B. 个性化 　　　　C. 查看 　　　　　D. 排列方式

5. Windows 10 中，选定多个不连续文件时，应先按住（　　）键再选定文件。

    A.【Shift】 　　　　B.【Ctrl】 　　　　C.【Alt】 　　　　D.【Tab】

6. Windows 10 中，按（　　）键可以删除文件或文件夹。

    A.【Shift】 　　　　B.【Ctrl】 　　　　C.【Delete】 　　　D.【Tab】

7. Windows 10 中，多窗口切换用不到的键是（　　）。

    A.【Windows】 　　B.【Ctrl】 　　　　C.【Alt】 　　　　D.【Tab】

8. 下列扩展名不属于同一类文件的是（　　）。

    A. .mp3 　　　　　B. .wma 　　　　　C. .wmv 　　　　　D. .mov

二、判断题

1. Windows 桌面的任务栏中的图标不可移除。　　　　　　　　　　　　　　　　　（　　）

    A. 正确 　　　　　　　　　　　　　　B. 错误

2. 进入 Windows 后，可以通过鼠标移动文件或文件夹。 （　　）

　　A. 正确 　　　　　　　　　　　　B. 错误

3. Windows 中，按【Ctrl+X】组合键可以剪切文件或文件夹。 （　　）

　　A. 正确 　　　　　　　　　　　　B. 错误

4. 计算机网络分成通信子网和资源子网两部分。 （　　）

　　A. 正确 　　　　　　　　　　　　B. 错误

5. 资源共享功能是计算机网络最基本的功能。 （　　）

　　A. 正确 　　　　　　　　　　　　B. 错误

6. 计算机网络中常用的拓扑结构有总线、星状、环状、树状等。 （　　）

　　A. 正确 　　　　　　　　　　　　B. 错误

7. IP 地址使用较多的是 A 类和 B 类地址。 （　　）

　　A. 正确 　　　　　　　　　　　　B. 错误

模块六

信息检索

信息检索是人们进行信息查询和获取的主要方式，是查找信息的方法和手段。掌握网络信息的高效检索方法，是现代信息社会对高素质技术技能人才的基本要求。学会信息检索后，用户不仅会使用搜索引擎，还能从互联网中快速获取有效信息，并提升自身辨别信息真伪的能力。

本模块学习目标

知识目标：

了解信息检索概念，并掌握通过网页、社交媒体等不同信息平台进行信息检索的方法。

能力目标：

能够在互联网中快速检索出自己所需要的信息。

素质目标：

在信息检索过程中要有钻研精神，要有严谨的科学态度和实事求是的工作作风。

任务一　掌握信息检索的基本知识

任务描述

在现代社会中，信息像空气和水一样重要。人们每天都通过接收和传递各种各样的信息，不断认识新事物。由此可见，学会信息检索是保证各项活动顺利开展的重要前提。如何正确进行信息检索？本任务在使用工具检索信息之前，要求大家先掌握信息检索的基础知识。

知识链接

（一）信息检索的概念

1950 年，莫尔斯（Calvin N. Mooers）首次提出信息检索（Information Retrieval）一词。其后，随着信息检索理论和实践的更新发展，人们对信息检索的认识也在不断深入。

广义上说，信息检索是指将信息按照一定的方式组织和存储起来，并能根据信息用户的需要找出其中相关信息的过程。从本质上讲，信息检索是一种有目的和组织化的信息存取活动，其中包括"存"和"取"两个基本环节。对于"存"来说，主要指面向来自各种渠道的大量信息资源而进行的高度组织化的存储；对于"取"来说，则要求面向随机出现的各种用户信息需求所进行的高度选择性的查找，并且尤其强调查找的快速与便利。

（二）信息检索的类型

由于用户的信息需求多种多样，信息检索技术也在不断发展变化，进而产生了多种类型的信息检索。

1. 按检索对象区分

按照检索的查找对象，信息检索分为数据、事实及文献检索。

（1）数据检索：以数据作为检索对象，查找用户所需要的数值型数据。其检索对象包括各种调查数据、统计数据、特性数据等。例如，查找某一企业的年销售额、某一国家的人口数、物质的属性数据等。

（2）事实检索：以事实作为检索对象，查找用户所需要的描述性事实。其检索对象包括机构、企业或人物的基本情况等。例如，查找某一企业的全名、地址、业务经营范围，查找某一人物的生平等。

（3）文献检索：以文献作为检索对象，查找含有用户所需信息内容的文献。其检索对象是包含特定信息的各类文献。例如，查找有关"学习型组织"的文献、有关"现代企业制度的建立"的文献等。

其实，对于数据检索或事实检索而言，由于用户所需的数据或事实不能脱离文献而存在，这些数据或事实也是反映信息的一种形式，或者说是反映信息的一种特殊形式，因此，数据或事实检索也是以文献为依托的，换言之，它们也可以被视为文献检索的特例。它们与文献检索的差异主要在于：对于数据或事实检索，检索人员只需把有关的数据或事实提供给用户，就能直接满足用户的信息需求；而对于文献检索，检索人员通常是把查找出来的相关文献提供给用户，由用户阅读、理解、吸收和利用文献的信息内容，从而满足其信息需求。

2. 按检索方式区分

按检索手段区分，检索可分为手工检索、机器检索。

（1）手工检索：以手工操作的方式，利用检索工具书进行信息检索。手工检索是信息检索的传统方式，已经历了一个多世纪的发展历程。其优点是检索成本极低或者无须成本，便于控制检索的准确性；缺点是检索速度慢、工作量较大。

（2）机器检索：以机械、机电或电子化的方式，利用检索系统进行信息检索。机器检索从 20 世纪 40 年代以后逐渐发展起来，电子计算机诞生之后，以强大的存储能力、不断提高的处理性能以及同步降低的价格，很快便成为机器检索的主流和代表。因此，机器检索主要就是指计算机检索。

其优点是检索速度快、能够多元检索、检索的全面性较高；相对手工检索而言，其缺点主要是检索成本较高，需要借助相应的设备进行检索。

计算机检索在手工检索的基础上发展而来，随着计算机技术和通信技术的不断创新，将来必定会逐步取代甚至是完全取代手工检索。但是，就目前而言，把两者之间的关系，简单地理解为取代与被取代的关系，未免有失偏颇。

信息检索作为信息服务业的重要领域，在相当长的时期内，为了满足用户的多种需求，给予用户更多的选择，向用户提供多样化的服务形式，使得手工检索还将与计算机检索共同存在，相互补充、相互促进。

3. 按检索性质区分

按照检索的运行性质，信息检索分为定题检索和回溯检索。

（1）定题检索：查找有关特定主题最新信息的检索，又称 SDI 检索。其特点是只检索最新的信息，时间跨度小。定题检索在文献信息库更新时运行，即每当文献信息库加入新的文献信息时，就运行一次定题检索，从而查找出特定主题的最新信息。这种检索非常适合于信息跟踪，以便及时了解有关主题领域的最新发展动态。因此，用户一旦向检索服务机构订购定题检索，一般就会在较长时间内多次运行，由检索服务机构持续地向用户提供最新信息。

（2）回溯检索：查找一段时间期限内有关特定主题信息的检索，也称追溯检索。其特点是既可以查找过去某一段时间的特定主题信息，也可以查找最近的特定主题信息。与每个定题检索需要多次运行有所不同，每个回溯检索一般只运行一次，从已有的文献信息库中查找出特定主题的信息，并提供给用户。

在检索实践中，用户利用得最多的是回溯检索，大多数的检索课题都属于回溯检索。同时，定题检索也发展得很快，受到了各种领域用户的欢迎，尤其是在工商经贸领域，定题检索更是广受企业用户的利用。

4. 按信息形式区分

按照检索的信息形式，信息检索分为文本检索和多媒体检索。

（1）文本检索：查找含有特定信息的文本文献的检索，其结果是以文本形式反映特定信息的文献。这是一种传统的信息检索类型，在信息检索中依然占据着主要地位。

（2）多媒体检索：查找含有特定信息的多媒体文献的检索，其结果是以多媒体形式反映特定信息的文献，如图像、声音、动画、影片等。这是在网络环境下发展起来的全新检索类型。

在 Internet 迅速发展的今天，网上存在着大量的多媒体文献，用户常常需要查找特定的图像、声音、动画等。多媒体文献的信息处理，如标引、著录和有序化编排等，与传统的文本检索截然不同，向信息检索及其理论提出了新的挑战。比如，用户可能需要查找包含某种颜色或色彩组合的特定图像，或者是含有特定图案的动画等。

（三）信息检索的发展

信息检索起源于 19 世纪前期。随着近代科学团体的涌现，集体研究效率的提高，文献数量逐渐增多，导致了一种社会分工的需要，需要对所有发表的文献，及时地进行收集、加工和整理，并提供一定的手段，便于人们进行文献的查找。由此，信息检索工作便应运而生。信息检索技术的发展，经历了三个阶段。

1. 手工检索阶段

19 世纪末、20 世纪初，出现了覆盖各种专业领域的多种检索工具书，其中有一些经过后来的长期发展调整，逐步成为世界闻名、享有很高声誉的检索工具，如《工程索引》《化学文摘》《科学文摘》等。

2. 机械信息检索阶段

到了 20 世纪 40—50 年代，出现了一些半机械化、机械化的检索操作方式，如各种穿孔卡片检索工具。这些检索工具的诞生，一方面打破了完全依赖手工操作的检索方式，另一方面也产生了组配的检索思想，为计算机信息检索的发展提供了逻辑基础。这一检索的生命周期很短暂，是手工检索向计算机检索的过渡阶段。这一阶段主要包括穿孔卡片和缩微制品检索。

3. 计算机信息检索阶段

计算机信息检索起源于 20 世纪 50 年代初，1954 年美国海军兵器中心图书馆利用 IBM 701 机开发计算机信息检索系统，它标志着计算机信息检索阶段的开始。计算机信息检索可分为四个发展阶段。

（1）脱机检索阶段。20 世纪 50—60 年代是脱机检索的试验和实用化阶段。批式检索是这个阶段信息检索的主要方式。著名的脱机检索系统有美国国家医学图书馆的 MEDLARS，美国化学文摘社发行的《化学题录》机读磁带版等。

（2）联机检索阶段。20 世纪 60—80 年代是联机检索试验和实用化阶段。1960 年美国麻省理工学院（MIT）开始实施有关联机检索系统设计的"技术情报计划"（TIP），系统发展公司（SDC）也在它开发的全文检索系统 Protosyn-thex 上进行了首次联机检索演示，该公司后来研制成功的联机信息检索软件 OBTT 是联机检索阶段的正式开始。著名的联机检索系统还有 DIALOG 系统（属美国洛克希德公司，1988 年被 Knight-Ridder 公司并购）等。这个阶段的特点是联机数据库集中管理，具有完备的数据库联机检索功能。

（3）光盘检索阶段。光盘检索阶段始于 20 世纪 80 年代中期。1985 年世界上第一张 CD-ROM 数据库 BIBLIOFILE 问世，是光盘检索系统实用化的标志。这个阶段比较特殊。在发达国家，光盘检索是联机检索的支持和补充，但在通信技术不太发达的国家，由于自身的优点，却是用户获取信息的重要手段。

（4）网络检索阶段。网络信息检索开始于 20 世纪 90 年代初。1991 年思维机等公司、明尼苏打大学、欧洲高能粒子协会分别推出了因特网上的检索工具 WAIS、Gopher 和 WWW。

目前，WWW 因其集文本、图像、声音等多媒体信息于一体的巨大优点，已占信息服务的主导地位，基于 Web 的搜索引擎已成为最重要的信息检索工具。信息检索发展到今天，Internet 网络检索渐渐超越手工检索而成为现代的主要检索方式。

（四）检索的目的和意义

1. 节省科技人员收集信息资料的时间

据估计，一个科研人员在一项科研活动中，用于计划思考的时间为 7.7%，用于试验研究的时间为 32%，用于数据处理的时间占 9.3%，而用于收集信息资料和发表成果的时间占 50.9%。实际上，世界上大多数学者用于收集、整理科技信息的时间约占其全部科研时间的 1/3 以上，可见掌握科学的检索方法，实际上就等于加快了科研进程。

2. 信息检索是知识更新的手段

在传统教学向现代教学扩展的过程中，需要充分利用图书馆和现代资源。据估测，一个人的知识，12.5%是在大学期间学到的，甚至逐步淘汰，87.5%是在工作岗位上积累的。也就是说，绝大部分知识来源于社会实践。当然，知识的积累有多种途径，但通过有效的信息检索手段就能快速准确地获取最新的文献资料，及时更新知识。

信息检索是科学研究的重要组成部分，它可以继承和借鉴前人的劳动成果。首先，在科研项目立项时必须进行文献检索。因为科学技术的发展具有继承性和连续性的特点。在做科学研究时需要了解课题的发展现状、动态、进展，研究水平，前途如何，用以论证所要研究的课题是否需要建立，进而确定研究方向和内容，以避免重复劳动。其次，科研进程中，由于科学技术的高度发展，学科之间相互渗透、相互交叉，而客观事务之间又是相互联系相互制约的，要想使自己的研究推向新的高度，就必须查阅大量的信息资料，通过对比、分析、综合、借鉴、使自己的研究方案始终建立在一个科学、可靠的基础上。当然，研究成果的科学评定，也离不开科学检索。

3. 信息检索能够协助管理者做出正确决策

信息是决策的基础和依据。一个国家、一个地区或单位，要发展什么、限制什么、引进什么，都需要准确、可靠和及时的信息，以便做出正确的决策。

（五）信息检索的流程

信息检索是用户进行信息查询和获取的主要方式，是查找信息的方法和手段。信息检索的基本步骤分别为课题分析、选择检索系统、选择检索词、制定检索策略、处理检索结果。

1. 课题分析

明确课题的主题内容、研究要点、文献类型、时间范围等。

2. 选择检索系统

选择检索工具时考虑其专业性、权威性，了解检索工具收录的范围和检索方法。中文检索系统常用的有 CNKI、万方、维普数据库；外文检索系统常用的有 Science Direct、Springer、WOS。

3. 选择检索词

选出课题的核心概念或隐性主题概念作检索词，注意检索词的缩写，通过联机方式确定检索词。

4. 制定检索策略

制定检索策略的前提条件是要了解信息检索系统的基本性能，关键是要正确选择检索词和合理使用逻辑组配。

5. 处理检索结果

将所获得的检索结果系统整理，筛选出符合要求的相关文献信息，辨认文献类型、篇名、作者、内容等，输出检索结果。

任务实施

分组讨论更多信息检索的目的和意义。畅想未来，分享一下你觉得信息检索以后会朝着什么方向发展。

任务二　使用工具检索信息

任务描述

　　掌握网络信息的高校检索方法，是现代信息社会对高素质技术技能人才的基本要求。作为新时代的大学生，需了解检索信息的基本概念和流程。本任务要求大家掌握常用搜索引擎的自定义搜索方法，掌握通过网页、社交媒体等不同信息平台进行信息检索的方法，掌握通过布尔逻辑检索、截词检索、位置检索、限制检索等方法在期刊、论文、专利、商标、数字信息等专用平台进行信息检索的方法。

知识链接

（一）检索信息的常用浏览器

　　浏览器是用来检索、显示及传递 Web 信息资源的应用程序。通过各种浏览器均可以进行信息检索。Web 信息资源由统一资源标识符（Uniform Resource Identifier，URI）所标记，使用者可借助浏览器浏览所需要的信息。目前主流的浏览器有 IE、Chrome、Firefox、Safari 和 QQ 等。

　　IE 浏览器是微软推出的 Windows 操作系统自带的浏览器，其内核称为 IE 内核，该浏览器只支持 Windows 平台。国内的 360 浏览器、搜狗浏览器都是以 IE 内核为核心的浏览器。

　　Microsoft Edge 是由微软开发的基于 Chromium 开源项目及其他开源软件的网页浏览器。2015 年 4 月 30 日，微软在旧金山举行的 Build 2015 开发者大会上宣布，Windows 10 内置代号为"Project Spartan"的新浏览器被正式命名为"Microsoft Edge"，其内置于 Windows 10 版本中。2022 年 5 月 16 日，微软官方发布公告，称 IE 浏览器于 2022 年 6 月 16 日正式退役，此后其功能将由 Edge 浏览器接棒。

　　Chrome 浏览器是在开源项目的基础上独立开发的一款浏览器，它提供了很多方便开发者使用的插件，该浏览器不仅支持 Windows 平台，也支持 Linux 和 Mac 等平台。

　　Firefox 浏览器是开源组织提供的一款开源浏览器，它也提供了很多方便开发者使用的插件，同时也支持 Windows、Linux 和 Mac 等平台。

　　Safari 浏览器是 Apple 公司为 Mac 操作系统量身打造的一款浏览器，主要支持 Mac 和 iOS 操作系统。

　　QQ 浏览器是腾讯公司开发的一款浏览器，采用的是 Chromium +IE 双内核。本书中检索信息使用 QQ 浏览器作为主要浏览器。

（二）QQ 浏览器的自定义

　　QQ 浏览器可自定义设置为默认浏览器，并从该浏览器中选择默认搜索引擎，然后设置首页为百度页面。

1. 将 QQ 浏览器设置为默认浏览器

　　双击 QQ 浏览器打开此应用程序，单击 QQ 浏览器右上角的菜单，选择"设置"项，如图 6-1 所示。

图 6-1　选择 QQ 浏览器中的"设置"项

　　在设置中找到"常规设置"中的"默认浏览器"，选择"将 QQ 浏览器设置为默认浏览器并锁定"，如图 6-2 所示。

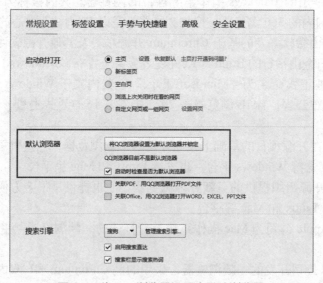

图 6-2　将 QQ 浏览器设置为默认浏览器

2. 设置默认搜索引擎为百度搜索引擎

　　搜索引擎是根据用户需求与一定算法，运用特定策略从互联网检索出指定信息反馈给用户的一门检索技术。搜索引擎依托于多种技术，如自然语言处理技术、大数据处理技术、网络爬虫技术、检索排序技术等，为信息检索用户提供快速和高相关性的信息服务。

　　目前 QQ 浏览器的默认搜索引擎为"搜狗搜索引擎"，单击"管理搜索引擎"，选择"百度"搜索引擎，单击"设为默认搜索引擎"，如图 6-3 所示。

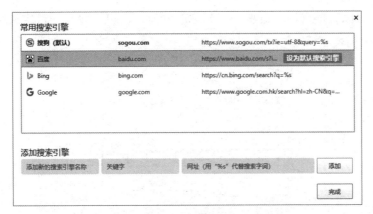

图 6-3 设置搜索引擎

单击"完成"，查看"常规设置"中的默认搜索引擎已更改为"百度"，如图 6-4 所示。

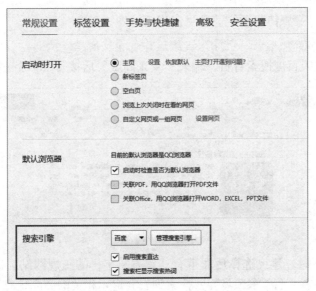

图 6-4 完成更改默认搜索引擎

3. 设置百度搜索页为 QQ 浏览器首页

首页也称主页，是用户打开浏览器默认显示的页面。在"常规设置"中找到"启动时打开"这一项，然后选择"主页"后面的"设置"，如图 6-5 所示。

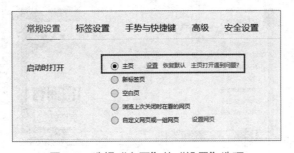

图 6-5 选择"主页"的"设置"选项

在此设置中，可以直接选择"百度一下，你就知道"，也可以在"自定义网站"中输入百度的网址，如图 6-6 所示。

图 6-6　设置"百度"搜索页为 QQ 浏览器的首页

单击"确定"按钮后，QQ 浏览器的首页设置成功，以后每次打开 QQ 浏览器，首页都将跳转到"www.baidu.com"所对应的页面。

（三）通过网页、社交媒体等不同信息平台进行信息检索

1. 通过网页在京东商城检索"毛泽东选集"并查看其商品详情

打开 QQ 浏览器进入百度搜索首页，输入"京东商城"后按【Enter】键，如图 6-7 所示。

● 视频

模块六　用网页检索"毛泽东选集"

图 6-7　在百度搜索页输入"京东商城"

当有多个页面显示时，建议选择后面带有"官方"字样的正规网站。进入京东商城后，在其商品搜索框中输入关键字"毛泽东选集"，搜索列表会提示相关的商品信息，如图 6-8 所示。

图 6-8　在京东商城搜索框中输入"毛泽东选集"

单击第一项，进入书籍商品列表页，如图 6-9 所示。

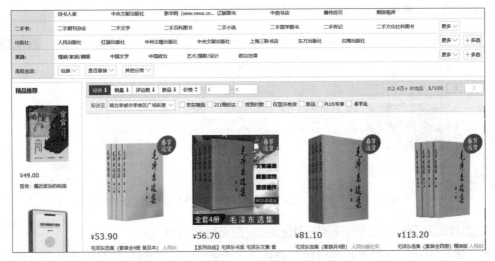

图 6-9 "毛泽东选集"书籍商品列表页

根据自己的购买意愿，任选符合要求的其中一项，查看商品详情，如图 6-10 所示。

图 6-10 "毛泽东选集"书籍商品详情页

2. 通过社交媒体"知乎"的话题广场搜索"上甘岭战役"，查看此战的相关信息

打开 QQ 浏览器进入百度搜索首页，输入"知乎话题广场"后按【Enter】键，如图 6-11 所示。

图 6-11 在百度搜索页输入"知乎话题广场"

进入"话题广场 - 知乎"后，在其话题搜索框中输入关键字"上甘岭战役"，搜索列表会提示相关的战役信息，如图 6-12 所示。单击相应标题即可以阅读全文。

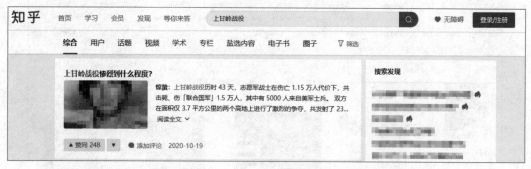

图 6-12　在"话题广场 - 知乎"中搜索"上甘岭战役"相关信息

（四）通过布尔逻辑检索方法在中国知网检索论文期刊信息

布尔逻辑检索是指利用布尔逻辑运算符连接各个检索词，然后由计算机进行相应逻辑运算，以找出所需信息的方法。布尔逻辑运算符的作用是把检索词连接起来，构成一个逻辑检索式。常用的布尔逻辑运算符有三个，即逻辑与、逻辑或、逻辑非。

1. 逻辑与

用"AND"或"*"来连接两个检索项，若需将检索项 A 和检索项 B 的交集部分检索出来，则其检索式为 A AND B（或 A * B）。

2. 逻辑或

用"OR"或"+"来连接两个检索项，若需查找含有检索项 A 或检索项 B 的结果，则其检索式为 A OR B（或 A + B）。

3. 逻辑非

用"NOT"或"-"来连接两个检索项，若需查找含有检索项 A 但不包含检索项 B 的结果，则其检索式为 A NOT B（或 A - B）。

中国知网面向海内外读者提供中国学术文献、外文文献、学位论文、报纸、会议、年鉴、工具书等各类资源统一检索、统一导航、在线阅读和下载服务。打开 QQ 浏览器进入百度搜索首页，输入"中国知网"后按【Enter】键，如图 6-13 所示。

● 视频

模块六　用布尔逻辑检索论文期刊信息

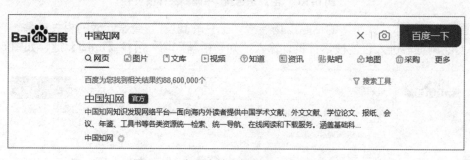

图 6-13　在百度搜索页输入"中国知网"

单击带有"官方"标志的中国知网链接，进入中国知网首页。中国知网默认搜索项为"主题"，将其改为"篇名",在搜索框输入关键字"人工智能*深度学习",查找篇名含有"人工智能"和"深度学习"的论文或期刊,如图 6-14 所示。

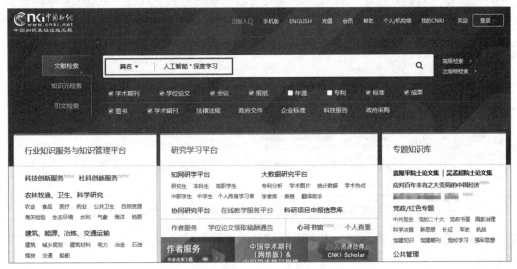

图 6-14 在中国知网搜索框中输入"人工智能*深度学习"

按【Enter】键,截至目前,篇名并含"人工智能"和"深度学习"的论文或期刊等结果共有 185 条,如图 6-15 所示。

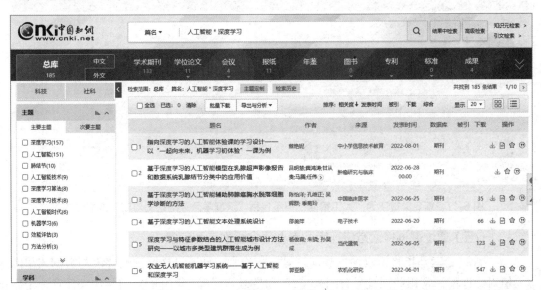

图 6-15 篇名并含"人工智能"和"深度学习"的论文与期刊搜索结果

搜索篇名关键字为"人工智能"或"深度学习"的论文与期刊等结果共有 78 756 条,如图 6-16 所示。

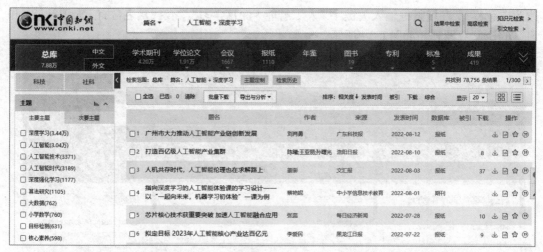

图 6-16　篇名关键字为"人工智能"或"深度学习"的论文与期刊搜索结果

搜索篇名关键字为"人工智能"但不包括"深度学习"的论文与期刊等结果共有 38 791 条，如图 6-17 所示。

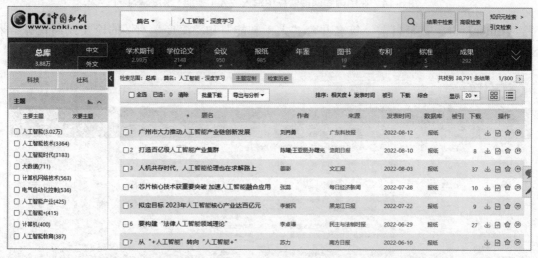

图 6-17　篇名关键字为"人工智能"但不包括"深度学习"的论文与期刊搜索结果

（五）通过截词检索方法在专利专业平台检索专利信息

截词检索是指将检索词加截词符号一起检索，计算机按照词的片段与数据库里的索引值对比匹配。常用截词符号有问号"?"和星号"*"，其中问号"?"代表任意一个字符，星号"*"代表任意多个字符。

在 QQ 浏览器的地址栏中输入专利专业检索平台网址"http://www.soopat.com/"，按【Enter】键进入检索界面，如图 6-18 所示。

● 视频

模块六　用截词检索专利信息

图 6-18 专利专业检索平台

除在搜索框中直接输入相关检索信息外，可以单击"表格检索"进行指定内容检索，如图 6-19 所示。

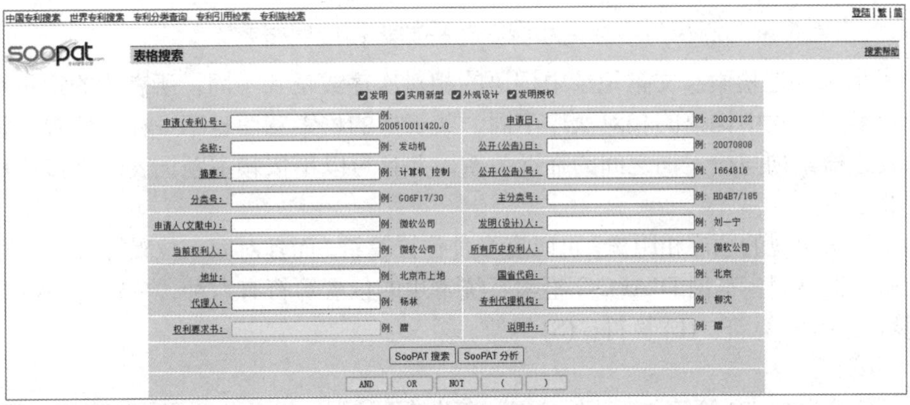

图 6-19 专利表格检索界面

若只记得专利名称带有 NLP（Natural Language Processing，自然语言处理）关键字，则可以在此关键字前后各加截词符号星号"*"进行检索，如图 6-20 所示。

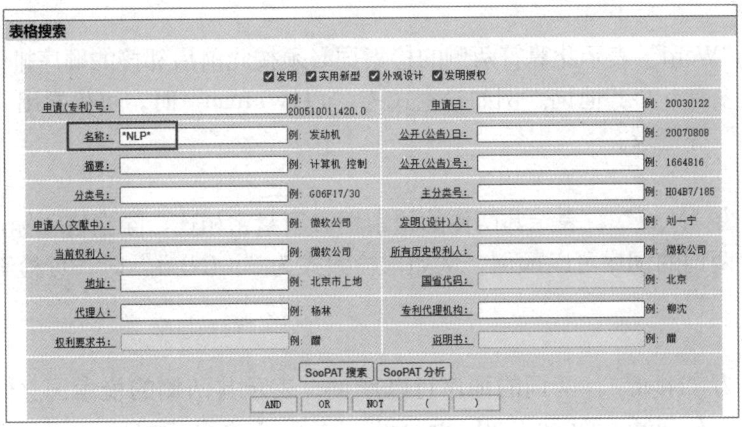

图 6-20 为关键字添加截词符号预备检索

单击"SooPAT 搜索"按钮，检索带有 NLP 关键字的专利信息，如图 6-21 所示。

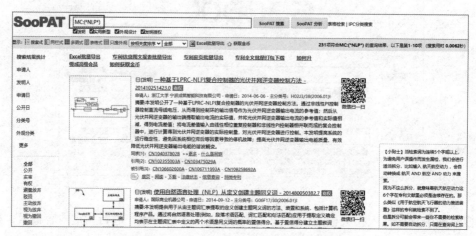

图 6-21　检索带有 NLP 关键字的专利信息

（六）通过位置检索方法在万方数据知识服务平台进行信息检索

位置检索也称邻近检索。文献记录中词语的相对次序或位置不同，所表达的意思可能不同，而同样一个检索表达式中词语的相对次序不同，其表达的检索意图也不一样。位置算符检索是用位置算符来表达检索词与检索词之间的临近关系，并且可以不依赖主题词表而直接使用自由词进行检索的技术方法。

按照两个检索出现的顺序相距离，可以有多种位置算符。而且对同一位置算符，检索系统不同，规定的位置算符也不同。美国 DIALOG 检索系统常用的位置算符有六种，分别为 (W) 算符、(nW) 算符、(N) 算符、(nN) 算符、(F) 算符、(S) 算符。

1. (W) 算符

(W) 运算符也称"() 算符"，此处"W"意为"With"，表示其两侧的检索词必须紧密相连，且除空格和标点符号外，不得插入其他词或字母，两词的词序不可以颠倒。例如，检索式为"Position (W) Search"时，系统只检索含有"Position Search"或其中间有空格和标点符号的记录。

2. (nW) 算符

此处"W"意为"Word"，表示此算符两侧的检索词必须按此前后邻接的顺序排列，顺序不可颠倒，而且检索词之间最多有 n 个其他词。例如检索式为"a (1w) man"时，可检索出"a man""a good man""a nice man"等记录。

3. (N) 算符

此处"N"意为"Near"，表示其两侧的检索词必须紧密相连，除空格和标点符号外，不得插入其他词或字母，两词的词序可以颠倒。例如，检索式为"it (N) is"时，可检索出"it is"或"is it"等记录。

4. (nN) 算符

此处"N"意为"Near"，两词的词序可以颠倒，表示其两侧的检索词之间最多可插入 n 个词。例如，检索式为"information (2N) retrieval"时可检索出"information retrieval""retrieval information""retrieval of information""retrieval of law information"等记录。

5. (F) 算符

此处"F"意为"Field"，表示其两侧的检索词必须出现在同一字段中，如篇名字段、文摘字段等，词序不限，并且夹在其中间的词量不限。例如，检索式为"environmental(F) impact/AB,TI"时，表示这两个词必须同时出现在摘要字段和篇名字段中。

6. (S) 算符

此处"S"意为"subfield"，表示其两侧的检索词必须出现在同一子字段中，即一个句子或一个短语中，词序不限。例如，检索式为"literature (S) foundation"时，只要 literature 和 foundation 两词出现在同一句子中，就满足检索条件。

在 QQ 浏览器的地址栏中，输入万方数据知识服务平台网址"https://www.wanfangdata.com.cn/index.html"，按【Enter】键进入万方数据首页，输入检索词"SQL(W)Server"进行检索，如图 6-22 所示。

图 6-22 万方数据知识服务平台检索

检索的结果应该有"SQL Server""SQLServer""SQL,Server"等关键词，截至目前，检索出来的结果数量为 184 条，如图 6-23 所示。

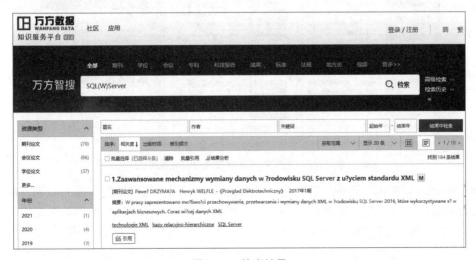

图 6-23 检索结果

（七）通过限制检索方法在国家知识产权局商标局进行信息检索

限制检索一般是对字段的限制，如限制必填字段为"商标名称"或"查询方式"等。设置字段限制检索可以用来控制检索结果的相关性，以提高检索效果。

在 QQ 浏览器的地址栏中，输入国家知识产权局商标局检索平台网址"http://sbj.cnipa.gov.cn/sbj/index.html"，按【Enter】键进入商标查询使用说明界面，如图 6-24 所示。

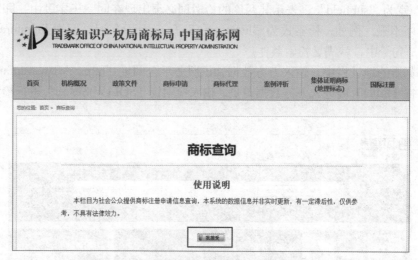

图 6-24　国家知识产权局商标局检索平台

单击"我接受"按钮，跳转到中国商标网商标查询首页，如图 6-25 所示。

图 6-25　国家知识产权局商标局检索平台

选择"商标近似查询"选项，其中有三项为必填项，这三项作为对字段的限制，能大大提高检索结果的相关性。这三项分别是国际分类、查询方式和商标名称，其中国际分类即商标类别，共有 1 ～ 45 类，单击右侧搜索图标可查看每种类别对应的编号，经查询，计算机硬件与软件设计与开发类商标的编号为 42；查询方式默认有六种方式，分别为汉字、拼音、英文、数字、字头和图形；商标名称能填写的类别与查询方式一一对应，若查询方式选择"汉字"，则商标名称处只能填写汉字，不能填写其他类型的数据。

输入国际分类编号为42，选择查询方式为"汉字"，输入商标名称为"华为"，如图6-26所示。

图6-26　国家知识产权局商标近似查询界面

单击"查询"按钮，可查到与"华为"相关的计算机硬件与软件设计与开发类商标名称和数量。截至目前，一共有符合检索要求的项数为329项，这里截图显示其中的前16项，如图6-27所示。

序号	申请/注册号	申请日期	商标名称	申请人名称
1	3877890	2004年01月06日	华为	华为技术有限公司
2	14091837	2014年02月28日	华为	北标（北京）知识产权代理有限公司
3	18669767	2015年12月22日	华为	华为技术有限公司
4	1647924	2000年07月04日	华为	华为技术有限公司
5	1282469	1998年03月06日	华为	华为技术有限公司
6	7554912	2009年07月20日	华为	华为技术有限公司
7	43990848	2020年02月04日	华为	华为技术有限公司
8	22504733	2017年01月04日	华为	华为技术有限公司
9	24034617	2017年05月09日	华为	华为技术有限公司
10	36707003	2019年03月08日	华为	华为技术有限公司
11	3424103	2003年01月02日	华为	华为技术有限公司
12	55911003	2021年05月10日	华为环境	江苏华为环境有限公司
13	56779141	2021年06月09日	华为手犸	华为技术有限公司
14	59082235	2021年09月08日	华为云商	华为技术有限公司
15	45966418	2020年04月30日	华为钱包	华为技术有限公司
16	45966452	2020年04月30日	华为音乐	华为技术有限公司

图6-27　与"华为"相关的计算机硬件与软件设计与开发类商标信息

任务实施

在学习知识链接的内容之后，完成以下操作：

1. 基本查询

（1）将QQ浏览器设置为默认浏览器，在京东商城检索书籍"时间简史"查看其商品详情。

（2）在社交媒体"知乎"中的话题广场搜索"抗美援朝"。

（3）在知网搜索框输入关键字"人工智能＊卷积神经网络"查找篇名含有"人工智能"和"卷积神经网络"的论文或期刊。

（4）在专利专业检索平台搜索带有"CPU"关键字的专利信息。

（5）在国家知识产权局商标局检索平台输入国际分类编号为42，选择查询方式为"汉字"，输入商标名称为"小米"，查询商标结果。

实训　常用信息检索操作

实训目的

（1）掌握常用搜索引擎的自定义搜索方法。

（2）掌握通过网页等平台进行信息检索的方法。

（3）掌握布尔逻辑检索、截词检索等检索方法。

实训内容

（1）将QQ浏览器定义为默认浏览器，并从该浏览器中选择百度引擎为默认搜索引擎，然后设置首页为百度页面。

（2）通过网页在京东商城检索"毛泽东诗词全集"，查看其商品详情。

（3）通过布尔逻辑检索方法在中国知网检索篇名含有"人工智能"和"大数据"的论文或期刊信息。

（4）通过截词检索方法在专利专业平台检索带有"CPU"关键字的专利信息。

步骤提示

1. 设置浏览器

将QQ浏览器定义为默认浏览器，并从该浏览器中选择百度引擎为默认搜索引擎，然后设置首页为百度页面。

（1）双击QQ浏览器打开此应用程序，单击QQ浏览器右上角的菜单，选择"设置"项。

（2）在设置中找到"常规设置"中的"默认浏览器"，选择"将QQ浏览器设置为默认浏览器并锁定"。

（3）单击"管理搜索引擎"，选择"百度"搜索引擎，单击"设为默认搜索引擎"。

（4）在"常规设置"中找到"启动时打开"这一项，然后选择"主页"后面的"设置"，在"自定义网站"中输入百度的网址。

2. 检索商品

通过网页在京东商城检索"毛泽东诗词全集"，查看其商品详情。

（1）打开QQ浏览器进入百度搜索首页，输入"京东商城"后按【Enter】键。

（2）进入京东商城后，在其商品搜索框中输入关键字"毛泽东诗词全集"，搜索列表会提示相关的商品信息。

（3）单击"毛泽东诗词全集"选项，进入书籍商品列表页。

（4）根据自己的购买意愿，任选符合要求的其中一项，查看商品详情。

3. 检索论文或期刊信息

通过布尔逻辑检索方法在中国知网检索篇名含有"人工智能"和"大数据"的论文或期刊信息。

（1）打开 QQ 浏览器进入百度搜索首页，输入"中国知网"后按【Enter】键。

（2）单击带有"官方"标志的中国知网链接，进入中国知网首页。中国知网默认搜索项为"主题"，将其改为"篇名"。

（3）在搜索框输入关键字"人工智能 * 深度学习"查找篇名含有"人工智能"和"大数据"的论文或期刊。

4. 检索专利信息

通过截词检索方法在专利专业平台检索带有"CPU"关键字的专利信息。

（1）在 QQ 浏览器的地址栏中输入专利专业检索平台网址"http://www.soopat.com/"，按【Enter】键进入检索界面。

（2）单击"表格检索"进行指定内容检索。

（3）在关键字 CPU 前后各加截词符号星号"*"进行检索。

（4）单击"SooPAT 搜索"按钮，检索带有关键字 CPU 的专利信息。

习题六

一、选择题

1. 搜索篇名关键字为"X"或"Y"的论文与期刊的检索式为（　　）。

    A. "X AND Y"　　　　B. "X * Y"　　　　C. "X + Y"　　　　D. "X - Y"

2. 下列位置算符左右两侧的词序不可以颠倒的是（　　）。

    A. (W) 算符　　　　B. (N) 算符　　　　C. (F) 算符　　　　D. (S) 算符

3. 信息检索的发展没有经历（　　）阶段。

    A. 手工检索　　　　B. 机械信息检索　　　C. 自动信息检索　　　D. 计算机信息检索

二、判断题

1. 常用检索信息的方法有布尔逻辑检索、截词检索、位置检索、限制检索等。（　　）

    A. 正确　　　　　　　　　　　　　　B. 错误

2. 浏览器是用来检索、显示及传递 Web 信息资源的应用程序。（　　）

    A. 正确　　　　　　　　　　　　　　B. 错误

3. 常用的布尔逻辑运算符有三个，即逻辑与、逻辑或、逻辑非。（　　）

    A. 正确　　　　　　　　　　　　　　B. 错误

模块七

新一代信息技术概述

随着科技的进步与发展，新一代信息技术产业作为创新含量高、技术先进的产业，其涵盖的项目大多属于国家和社会急需的项目，拥有很大的发展空间和潜力。新一代信息技术作为科技创新的重点攻关领域，呈现出产业规模不断壮大、创新能力不断增强等特点，与各行业各领域的融合深度和广度不断拓展，支撑融合发展的基础更加夯实，融合发展水平迈上新台阶，成为驱动制造业数字化转型和提升制造业核心竞争力的重要推手。

本模块学习目标

知识目标
理解新一代信息技术的分类、技术特点和典型应用。

能力目标
能充分利用信息技术解决生活、学习和工作中的实际问题。

素质目标
培养团队协作精神，善于与他人合作共享信息，实现信息的更大价值。

任务一　了解新一代信息技术

任务描述

2018 年 11 月 26 日，国家统计局以《国民经济行业分类》(GB/T 4754—2017) 为基础，发布《战略性新兴产业分类 (2018)》，将新一代信息技术产业分为下一代信息网络产业、电子核心产业、新兴软件和新型信息技术服务产业、互联网与云计算大数据服务产业、人工智能产业五大类。本任务就来学习与新一代信息技术相关的知识。

知识链接

视　频

模块七　新一代信息技术概述

（一）新一代信息技术的分类

新一代信息技术是对传统计算机、集成电路与无线通信的升级，且以人工智能、量子信息、物联网、区块链等为代表的新兴技术。新一代信息技术分为六个方面，分别是下一代通信网络、物联网、三网融合、新型平板显示、高性能集成电路和以云计算为代表的高端软件。

1. 下一代通信网络

下一代通信网络（NGN）指一个建立在 IP 技术基础上的新型公共电信网络，它能够容纳各种形式的信息，在统一的管理平台下，实现音频、视频、数据信号的传输和管理，提供各种宽带应用和传统电信业务，是一个真正实现宽带窄带一体化、有线无线一体化、有源无源一体化、传输接入一体化的综合业务网络。

2. 物联网

物联网（IOT）指通过各种信息传感器、射频识别技术、全球定位系统、红外感应器、激光扫描器等各种装置与技术，实时采集任何需要监控、连接、互动的物体或过程，采集其声、光、热、电、力学、化学、生物、位置等各种需要的信息，通过各类可能的网络接入，实现物与物、物与人的泛在连接，实现对物品和过程的智能化感知、识别和管理。物联网是一个基于互联网、传统电信网等的信息承载体，它让所有能够被独立寻址的普通物理对象形成互联互通的网络。

3. 三网融合

三网融合是一种广义的、社会化的说法，在现阶段它并不意味着电信网、计算机网和有线电视网三大网络的物理合一，而主要是指高层业务应用的融合。其表现为技术上趋向一致，网络层上可以实现互联互通，形成无缝覆盖，业务层上互相渗透和交叉，应用层上趋向使用统一的 IP 协议，为提供多样化、多媒体化、个性化服务的同一目标逐渐交汇在一起，通过不同的安全协议，最终形成一套网络中兼容多种业务的运维模式。

4. 新型平板显示

新型平板显示技术包含多个方面，不仅仅局限于显示技术本身，同时还包括与显示设备关系密切的其他技术。目前的关注热点主要有 OLED、电子纸、LED 背光、高端触摸屏和平板显示上游材料等。

5. 高性能集成电路

高性能集成电路指特种行业用的高性能、高可靠性集成电路（IC）产品，主要产品包括直接数字频率合成器 DDS、频综类芯片、视讯类芯片、MEMS 惯性器件等。产业属于传统电子制造业，市场规模非常庞大，未来增长速度较为平稳且受经济周期影响较大。除了成熟行业的周期性特点，集成电路又具有高新技术产业的特性，即技术不断进步，新产品推出取代老产品等特点。中国作为集成电路技术的新兴国家，市场规模的复合增长率显著高于全球平均水平。

6. 以云计算为代表的高端软件

云计算是指将计算任务分布在由大规模的数据中心或大量的计算机集群构成的资源池上，使各种应用系统能够根据需要获取计算能力、存储空间和各种软件服务，并通过互联网将计算资源免费或按需租用方式提供给使用者。由于云计算的"云"中的资源在使用者看来是可以无限扩展的，并且可以随时获取，按需使用，随时扩展，按使用付费，这种特性经常被称为像水电一样使用 IT 基础设施。

（二）新一代信息技术产业的特征

1. 技术创新性

战略性新兴产业要求以重大技术突破为基础，具有知识技术密集的特征，是科技创新的深度应用和产业化平台。除此之外，新一代信息技术产业还具备技术、资金密集，研发周期长、风险较大，市场需求针对性较强、产品周期较短的特征，对技术创新的要求更高。

2. 产业关联性

战略性新兴产业要求同时具备发展优势强和产业关联系数大的双重特征。而新一代信息技术产业的带动效应尤为显著，信息技术是产业结构优化升级的最核心技术之一。当前，信息技术逐渐成为引领其他领域创新不可或缺的重要动力和支撑，正在深层次上改变工业、交通、医疗、能源和金融等诸多社会经济领域。

3. 持续增长性

战略性新兴产业要求在经济效益和社会效益两方面均具备长期可持续增长的能力，应当从其战略性、新兴性、循环经济发展规律等方面确立经营目标。由此可知，新一代信息技术产业应当通过提高产品附加值，以发展低碳经济、绿色经济为目标，实现高质量经济增长。

另外学者进一步指出，作为战略性新兴产业的重要组成部分，新一代信息技术产业除了具有技术创新性、产业关联性、持续增长性这三大基本共性特征外，也具有其自身的独特性，如高渗透性、创新人力投入占比高等特性。

4. 高渗透性

新一代信息技术产业的创新发展、更新换代的过程，也是信息技术融入其他产业，促进经济社会其他领域转型升级、创造新价值的过程。另外，新一代信息技术产业中的很多细分行业本质是服务业，产业整体有制造业服务化的趋势，如互联网金融行业、电子商务行业的产生与快速发展，都是新一代信息技术产业服务于其他行业，与其他行业融合发展的表现。

5. 创新人力投入占比高

新一代信息技术产业的发展离不开技术性人才的支持，能否完成对传统技术的创新和对关键技术的突破将直接影响产业整体的发展走向。企业的技术创新能力与企业的生产效率密切相关，决定着企业能否引领市场发展，创新人才的数量和质量都影响着企业的技术创新能力，是创新型企业不断提升竞争优势的基础。相较于其他产业，新一代信息技术产业的创新人力投入占比更高，同时对于创新人才的需求更大。

📊 任务实施

（1）查阅书籍，浏览网络信息，进一步了解新一代信息技术的特点及应用领域。

（2）课后分组讨论并总结新一代信息技术有哪些应用。

任务二 新一代信息技术的应用

任务描述

近年来，新一代信息技术的发展可谓风起云涌，相继出现了诸如物联网、云计算、大数据、移动互联网、互联网+、人工智能、区块链等一系列新名词、新技术、新应用，它们是未来信息技术发展的主要趋势。下面就来学习与之相关的一些知识。

知识链接

视频

模块七
新一代信息
技术的应用

（一）物联网

物联网是指通过信息传感设备，按约定的协议，将物体与网络相连接，物体通过信息传播媒介进行信息交换和通信，实现智能化识别、定位、跟踪、监管等功能的技术。物联网是继计算机、互联网和移动通信之后的新一轮信息技术革命。物联网主要解决物品与物品（Thing to Thing，T2T）、人与物品（Human to Thing，H2T）、人与人（Human to Human，H2H）之间的互连。

物联网包含两层意思：其一，物联网的核心和基础仍然是互联网，是在互联网基础上的延伸和扩展的网络；其二，物联网是把用户端延伸和扩展到了任何物品与物品之间的信息交换和通信。

在不久的未来，互联网将延伸到物质、延伸进时间和空间，数字世界会极度膨胀，我们目前的互联网，网络购物，数字经济，才刚刚是个起步。

在物联网应用中有两项关键技术：

1. 传感器

传感器是一种检测装置，能感受到被测量的信息，并能将检测感受到的信息，按一定规律变换成为电信号或其他所需形式的信息输出，以满足信息的传输、处理、存储、显示、记录和控制等要求。在计算机系统中，传感器的主要作用是将模拟信号转换成数字信号。

射频识别（RFID）是物联网中使用的一种传感器技术，可通过无线电信号识别特定目标并读写相关数据，而无须识别系统与特定目标之间建立机械或光学接触。RFID具有远距离读取、高存储容量、成本高、可同时被读取、难复制、可工作于各种恶劣环境等特点，典型的应用就是汽车ETC（电子不停车收费系统）。

2. 嵌入式技术

嵌入式技术是综合计算机软硬件、传感器技术、集成电路技术、电子应用技术为一体的复杂技术。经过几十年的演变，以嵌入式系统为特征的智能终端产品随处可见；小到人们身边的MP3，大到航天航空的卫星系统。如果将物联网用人体做一个简单比喻，传感器相当于人的眼睛、鼻子、皮肤等感官；网络就是神经系统，用来传递信息；嵌入式系统则是人的大脑，在接收到信息后要进行分类处理。

物联网从架构上面可以分为感知层、网络层和应用层。感知层由各种传感器构成，包括温湿度传感器、二维码标签、RFID标签和读写器、摄像头、GPS等。感知层是物联网识别物体、采集信息的来源，是实现物联网全面感知的核心能力。网络层由各种网络，包括互联网、广电网、网络管理系统和云计算平台等组成，是整个物联网的中枢，负责传递和处理感知层获取的信息。应用层是物联网发展的根本目标。将物联网技术与行业信息化需求相结合，实现物联网的智能应用。

（二）云计算

云计算是一种基于互联网的计算方式，通过这种方式，在网络上配置为共享的软件资源、计算资源、存储资源和信息资源可以按需求提供给网上终端设备和终端用户，如图 7-1 所示。云计算也可以理解为向用户屏蔽底层差异的分布式处理架构，在云计算环境中，用户与实际服务提供的计算资源相分离，云端集合了大量计算设备和资源。

图 7-1　云计算

云计算通常通过互联网来提供动态易扩展而且经常是虚拟化的资源，并且计算能力也可作为一种资源通过互联网流通。

云计算特点：宽带网络连接、快速、按需、弹性的服务。客户端可以根据需要，动态申请计算、存储和应用服务，在降低硬件、开发和运维成本的同时，大大拓展了客户端的处理能力。云计算通过网络提供可动态伸缩的廉价计算能力。

从对外提供的服务能力来看，云计算的架构可以分为三个层次（服务层次类型）。

1. 基础设施即服务（Infrastructure as a Service，IaaS）

IaaS 向用户提供计算能力、存储空间等基础设施方面的服务。这种服务模式需要较大的基础设施投入和长期运营管理经验（典型厂家有 Amazon、阿里云等）。

2. 平台即服务（Platform as a Service，PaaS）

PaaS 向用户提供虚拟的操作系统、数据库管理系统、Web 应用等平台化的服务。PaaS 服务的重点不在于直接的经济效益，而更注重构建和形成紧密的产业生态。（典型厂家有 Microsoft Azure、阿里 Aliyun Cloud Engine、百度 Baidu App Engine 等）。

3. 软件即服务（Software as a Service，SaaS）

SaaS 向用户提供应用软件（如 CRM、办公软件等）、组件、工作流等虚拟化软件的服务，SaaS 采用 Web 技术和 SOA 架构，通过 Internet 向用户提供多租户、可定制的应用能力，大大缩短了软件产业的渠道链条，减少了软件升级、定制和运行维护的复杂程度，并使软件提供商从软件产品的生产者转变为应用服务的运营者。

（三）大数据

大数据指无法在一定时间范围内用常规软件工具进行捕捉、管理和处理的数据集合，是需要新处理模式才能具有更强的决策力、洞察发现力和流程优化能力的海量、高增长率和多样化的信息资产。大数据像水、矿石、石油一样，正在成为新的自然资源。大数据有以下五个特点。

1. 大量

大量（Volume）指的是数据体量巨大，从太字节（TB）级别跃升到拍字节（PB）级别（1 PB=1 024 TB）、艾字节（EB）级别（1 EB=1 024 PB），甚至于达到泽字节（ZB）级别（1 ZB=1 024 EB），这是大数据特征最重要的一项。

2. 多样

多样（Variety）指数据类型繁多。这种类型的多样性也让数据被分为结构化数据和非结构化数据。

3. 价值

价值（Value）指价值密度低但总体价值大。价值密度的高低与数据总量的大小成反比。如何通过强大的机器算法更迅速地完成数据的价值"提纯"是亟待解决的难题，也是大数据技术的核心价值之一。

4. 高速

高速（Velocity）指的是处理速度快。这是大数据区分于传统数据挖掘的最显著特征。

5. 真实性

真实性（Veracity）指的是数据来自各种、各类信息系统网络以及网络终端的行为或痕迹。

大数据是以容量大、类型多、存取速度快、应用价值高为主要特征的数据集合，正快速发展为数量巨大、来源分散、格式多样的数据进行采集、存储和关联分析，从中发现新知识、创造新价值、提升新能力的新一代信息技术和服务业态。

大数据的战略意义是实现数据的增值，具有"数据之和的价值远远大于各数据价值的和"的特点，要实现大数据的增值，必须经过对大数据的专业化处理。

大数据应用实例包括大数据征信、大数据风控、大数据消费金融、大数据财富管理和大数据疾病预测等。

（四）移动互联

移动互联是移动互联网的简称，它是通过将移动通信与互联网二者结合到一起而形成的。用户使用手机、上网本、笔记本电脑、平板电脑、智能本等移动终端，通过移动网络获取移动通信网络服务和互联网服务，使人们可以享受一系列的信息服务带来的便利。

移动互联网的关键技术包括架构技术 SOA、页面展示技术 Web 2.0 和 HTML5 以及主流开发平台 Android、iOS 等。

移动互联网的核心是互联网，因此一般认为移动互联网是桌面互联网的补充和延伸，应用和内容仍是移动互联网的根本。移动互联网有以下特点：

1. 终端移动性

移动互联网业务使得用户可以在移动状态下接入和使用互联网服务，移动的终端便于用户随身携带和随时使用。

2. 业务使用的私密性

在使用移动互联网业务时，所使用的内容和服务更私密，如手机支付业务等。

3. 终端和网络的局限性

移动互联网业务在便携的同时，也受到了来自网络能力和终端能力的限制：在网络能力方面，受到无线网络传输环境、技术能力等因素限制；在终端能力方面，受到终端大小、处理能力、电池容量等的限制。

4. 业务与终端、网络的强关联性

由于移动互联网业务受到了网络及终端能力的限制，因此其业务内容和形式也需要适合特定的网络技术规格和终端类型。

5. 浏览器竞争及孤岛问题突出

孤岛问题主要是移动互联在应用与应用方面之间的干扰问题，这类问题若得不到有效的解决，就会给整个行业生产成本造成严重影响。

（五）人工智能

人工智能（AI）是研究使计算机来模拟人的某些思维过程和智能行为（如学习、推理、思考、规划等）的学科，主要包括计算机实现智能的原理、制造类似于人脑智能的计算机，使计算机能实现更高层次的应用。人工智能将涉及计算机科学、心理学、哲学和语言学等学科。

1. 研究范畴

自然语言处理、知识表现、智能搜索、推理、规划、机器学习、知识获取、组合调度问题、感知问题、模式识别、逻辑程序设计软计算、不精确和不确定的管理、人工生命、神经网络、复杂系统、遗传算法等。

2. 实际应用

机器视觉、指纹识别、人脸识别、视网膜识别、虹膜识别、掌纹识别、专家系统、自动规划、智能搜索、定理证明、博弈、自动程序设计、智能控制、机器人学、语言和图像理解、遗传编程等。

（六）区块链

区块链本质上是不可篡改和不可伪造的分布式账本。区块链是分布式数据存储、点对点传输、共识机制、加密算法等计算机技术的新型应用模式。

1. 区块链的种类

区块链的种类可以分为以下三种：

（1）公有链。世界上任何个体或者团体都可以发送交易，且交易能够获得该区块链的有效确认，任何人都可以参与其共识过程。公有链是最早的区块链，也是目前应用最广泛的区块链。公有链属于非许可链。

（2）私有链。私有链严格限制参与节点，可以是一个公司独享该区块链的写入权限，使用区块链的总账技术进行记账。私有链的应用场景一般是企业内部的应用，如数据库管理、审计等；在政府行业也会有一些应用，如政府的预算和执行。私有链的价值主要是提供安全、可追溯、不可篡改、自动执行的运算平台，可以同时防范来自内部和外部对数据的安全攻击。私有链属于许可链。

（3）联盟链。由某个群体内部（如行业联盟）指定多个预选的节点为记账人，每个块的生成由所有的预选节点共同决定（预选节点参与共识过程），其他接入节点可以参与交易，但不过问记账过程（本质上还是托管记账，只是变成分布式记账，预选节点的多少，如何决定每个块的记账者成为该区块链的主要风险点），其他任何人可以通过该区块链开放的 API 进行限定查询。联盟链属于许可链。

2. 区块链的技术创新

区块链应用包括智能合约、证券交易、电子商务、物联网、社交通信、文件存储、存在性证明、身份验证、股权众筹等。区块链主要解决交易信任和安全问题，针对这个问题提出了以下四个技术创新：

（1）分布式账本。就是交易记账由分布在不同地方的多个节点共同完成，而且每一个节点都记录的是完整的账本，因此它们都可以参与监督交易合法性，同时也可以共同为其作证。不同于传统的中心化记账方案，没有任何一个节点可以单独记录账目，从而避免了单一记账人被控制或者被贿赂而记假账的可能性。另一方面，由于记账节点足够多，理论上讲除非所有的节点被破坏，否则账目就不会丢失，从而保证了账目数据的安全性。

（2）非对称加密和授权技术。存储在区块链上的交易信息是公开的，但是账户身份信息是高度加密的，只有在数据拥有者授权的情况下才能访问到，从而保证了数据的安全和个人的隐私。

（3）共识机制。就是所有记账节点之间怎么达成共识，去认定一个记录的有效性，这既是认定的手段，也是防止篡改的手段。区块链提出了四种不同的共识机制，适用于不同的应用场景，在效率和安全性之间取得平衡。

（4）智能合约。智能合约是基于这些可信的不可篡改的数据，可以自动化的执行一些预先定义好的规则和条款。

任务实施

（1）查阅书籍，浏览网络信息，进一步了解物联网、云计算、大数据、移动互联、人工智能、区块链的知识。

（2）查阅书籍，展开小组讨论，了解人工智能在我们日常生活中的应用。

习题七

一、选择题

1. 新一代信息技术分为_____、_____、_____、_____、_____五大类。

2. 新一代信息技术有_____、_____、_____、_____、_____五个特点。

3. 物联网具有_____、_____两项关键技术。

4. 区块链有_____、_____、_____、_____四个技术创新。

二、问答题

简述数字人民币的特点。

模块八

信息素养与社会责任

随着计算机、计算机网络的普及，生活中的很多事情都可以在网络上办理，越来越多的人喜欢上了网络购物、网络游戏、网络金融，随之而来的计算机网络信息安全逐渐被人们重视与关注。对计算机网络信息安全造成威胁的一般都是人为的入侵和破坏，了解信息安全相关知识，及时做好防范，可以降低和避免损失。

本模块学习目标

知识目标：

了解计算机病毒的特征、类型、传播途径以及危害；

重视个人信息安全，了解校园贷套路以及危害，加强自身防护。

能力目标：

能下载和安装计算机杀毒软件，能设置防护参数，对计算机进行病毒查杀。

素质目标：

培养理性消费习惯，弘扬勤俭节约美德。

任务一　了解信息素养

任务描述

我国倡导强化信息技术应用，鼓励学生利用信息手段主动学习、自主学习，增强运用信息技术分析、解决问题的能力。究其原因，是因为信息素养是公民终身学习的关键要素，也是公民在当今复杂多变的社会生活环境中进行终身学习的基础。信息素养不仅已成为当前评价人才综合素质的一项重要指标．而且成为信息时代每个社会成员的基本生存能力要求，因此信息素养是现代公民必备的素质。什么是信息素养？在日常生活和工作中，哪些行为是具备良好信息素养体现？

知识链接

（一）信息素养的基本概念

视频

模块八　信息安全与社会责任

1974 年，美国信息产业协会主席保罗·泽考斯基首次提出"信息素养是人们在解决问题时利用信息的技术和技能"。其后，随着信息素养研究的不断深入，对信息素养的界定也说法不一。其中比较权威的是：信息素养是个体能够认识到需要信息，并且能够对信息进行检索、评估和有效利用能力。

信息素养是一个含义广泛的综合性概念，信息素养不仅包括高效的利用信息资源和信息工具的能力，还包括获取识别信息、加工处理信息、传递创造信息的能力，更重要的是独立自主学习的态度和方法、批判精神以及强烈的社会责任感和参与意识，并将它们用于实际问题的解决中。

（二）信息素养构成要素

在已有的对信息素养构成的研究中有多种说法。从理性上说，信息素养应该包括信息知识、信息意识、信息能力和信息伦理四个方面。它是一种了解、搜集、评估和利用信息的知识结构。表现为能够有效地和高效地获取信息，能够熟练地、批判地评价信息，能够精确地、创造性地使用信息，并且追求与个人兴趣有关的信息，能欣赏作品和其他对信息进行创造性表达的内容，力争在信息查询和知识创新中做得最好。

1. 信息知识

信息知识包括基础知识和信息知识。信息素养所具备的基础知识是指学习者平日所积累的学习知识和生活知识，基础知识起着一种潜移默化的作用。信息素养所涉及的信息知识是指与信息技术有关的知识的了解，包括信息技术基本常识、信息系统的工作原理、了解相关的信息技术新发展问题。

2. 信息意识

信息意识指个人平时具备的自我知识积累的意识，具有信息需求的意念，对信息价值有敏感性，有寻求信息的兴趣，具有利用信息为个人和社会发展服务的愿望并具有一定创新的意识。意念决定行动，信息意识的提高是塑造信息素养的先决条件。具体表现如下：

（1）自我知识积累的意识。具备这方面素质的人会有意识地在平时学习和生活中积累各方面感兴趣的有价值的知识，丰富自己的视野和头脑。

（2）有意识地运用身边的信息技术手段与资源。信息的不完全性决定了人们对信息的认识只能是从某个侧面或多个侧面去认识，要想对信息了解更加全面及时，就得有意识地去运用身边的各种先进的科学技术，来辅助对周边事物的认识。

（3）对信息价值的敏感性。能够意识到哪些信息对自己的学习和生活以及社会发展有价值，能够从海量的信息中选取自己需要的信息。

（4）具备创新意识。信息技术飞速发展，一些新技术、新产品的更新速度也在不断加快，掌握一种信息技术已经不再是一劳永逸的事情了，这就要求学习者要创造性的尝试应用一些新技术、新软件、新方法来辅助解决问题。

3. 信息能力

信息素养中的信息能力隐含着对问题的解决能力，无论如何研究信息素养，最终的落脚点都应该是使学习者通过利用信息技术来提高对问题的解决能力，这才是最实实在在的目的。所以，将这种问题解决能力也就是信息能力放在了重中之重的位置，这种能力具体包括信息技术使用能力、信息获取能力、信息分析能力、信息综合表达能力。

4. 信息伦理道德

信息伦理是指个人在信息活动中的道德情操，能够合法、合情、合理地利用信息解决个人和社会所关心的问题，使信息产生合理的价值。特别是在基础教育阶段就应该培养学生正确的信息伦理道德修养，使他们能够遵循信息应用人员的伦理道德规范，不从事非法活动，也知道如何防止计算机病毒和其他计算机犯罪活动。

任务实施

信息素养是每个学生基本素养的构成要素，它既是个体查找、检索、分析信息的信息认识能力，也是个体整合、利用、处理、创造信息的信息使用能力。在日常生活和未来的工作中，良好的信息素养主要体现在以下几个方面。

1. 运用信息工具

能熟练使用各种信息工具，特别是网络传播工具。

2. 获取信息

能根据自己的学习目标有效地收集各种学习资料与信息，能熟练地运用阅读、访问、讨论、参观、实验、检索等获取信息的方法。

3. 处理信息

能对收集的信息进行归纳、分类、存储记忆、鉴别、遴选、分析综合、抽象概括等。

4. 生成信息

在信息收集的基础上，能准确地概述、综合、履行和表达所需要的信息，使之简洁明了，通俗流畅并且富有个性特色。

5. 信息免疫

能自觉抵御和消除垃圾信息及有害信息的干扰和侵蚀，保持正确的人生观、价值观，以及自控、自律和自我调节能力。

判断表 8-1 所示的行为是否具备良好的信息素养。如果不正确，请分析原因，并说明正确的做法应该是什么。

表 8-1　请判断是否为良好的信息素养

相关行为	是否正确	分析原因，说明正确做法
在微信朋友圈中发表言论，攻击诋毁他人		
未经他人同意，翻看他人的聊天对话记录并四处传播		
引用他人的照片，并在网络中传播		
通过网络平台进行贷款购买高档手机		

任务二　了解信息安全与社会责任

任务描述

随着信息技术的发展，计算机及网络在人们生活的方方面面得到广泛的普及，人们通过网络来学习、工作、游戏、购物等，这些都给人们带来了许许多多的便利，但同时，各种计算机木马病毒、网络暴力、信息泄露等现象也在频繁发生。因此，具备良好的信息素养和正确的社会责任感是非常有必要的。这样才能真正让信息技术发挥作用，为人们的生活提供帮助。

知识链接

（一）计算机信息安全

在计算机安全方面危害最大的是计算机病毒，计算机病毒是人为制造的，有破坏性、传染性、潜伏性的，对计算机信息或系统起破坏作用的程序。它不是独立存在的，而是隐蔽在其他可执行程序之中。计算机中病毒后，轻则影响机器运行速度，造成计算机死机，重则破坏系统，丢失重要文件，给用户带来损失。下面就来了解计算机病毒的类型、传播途径、特征、症状、危害，以及该如何防护。

1. 病毒的类型

按依附的媒体类型可以将计算机病毒分为网络病毒、文件病毒、引导型病毒。

（1）网络病毒。通过计算机网络感染可执行文件。

（2）文件病毒。主攻计算机内文件（扩展名为 .exe 或 .com 的文件），当感染病毒的文件被执行，病毒便开始破坏。

（3）引导型病毒。主攻感染驱动扇区和硬盘系统引导扇区。

按照病毒的行为特征，可分为木马病毒、蠕虫病毒、宏病毒。

（1）木马病毒。在计算机领域中指的是一种后门程序，是黑客用来盗取其他用户的个人消息、账号及密码，甚至是远程控制对方的电子设备而加密制作的程序。木马程序有很强的隐秘性，会随着操作系统启动而启动。黑客可以通过数以万计的，感染木马病毒的计算机发送大量的伪造包或者垃圾数据包，对预定的目标进行拒绝服务的攻击，造成被攻击目标瘫痪。

（2）蠕虫病毒。常驻于一台或多台计算机中，它会扫描其他计算机是否感染相同的蠕虫病毒，如果没有，它会通过其内置的传播手段进行感染，以达到使计算机瘫痪的目的。通常以宿主机器为扫描源，采用垃圾邮件，漏洞两种方式传播。

（3）宏病毒。文档、电子表格、幻灯片文件允许用户在其中嵌入"宏命令"，使得某种操作可以自动运行；宏病毒就是寄生在文档或模板的宏中的病毒。一旦打开这样的文档，其中的宏就会被执行，宏病毒就会被激活，转移到计算机上，并驻留在 Normal 模板上，所有自动保存的文档都会"感染"上这种宏病毒。

2. 病毒的传播途径

计算机病毒有自己的传输模式和不同的传输路径，计算机本身有复制和传播功能，这意味着计算机病毒的传播非常容易，通常可以交换数据的环境就可以传播病毒，主要有三种传输方式。

（1）移动存储设备传播，如 U 盘、移动硬盘等设备传播，它们经常被移动和使用，更容易成为病毒的携带者。

（2）网络传播，如网页、电子邮件、QQ、视频网站、游戏娱乐网站、购物网站等都可能成为病毒传播的途径，网络传播病毒速度快，范围也广。

（3）利用计算机系统和应用软件的弱点传播。近年来，越来越多的计算机病毒利用应用系统和软件应用的不足传播出去，因此这种途径也被划分在计算机病毒基本传播方式中。

3. 病毒的特征

病毒侵入系统会对系统及应用程序产生程度不同的影响。轻者会降低计算机工作效率，占用系统资源，重者可导致数据丢失、系统崩溃。计算机病毒有可执行性、隐蔽性、破坏性、传染性、寄生性、可触发性、攻击主动性、针对性等特征。

（1）隐蔽性。计算机病毒往往以隐含文件或程序代码的方式存在，病毒伪装成正常程序，计算机病毒扫描难以发现。一些病毒被设计成病毒修复程序，诱导用户使用，进而实现病毒植入，入侵计算机。计算机病毒的隐蔽性，使得计算机安全防范处于被动状态，造成严重的安全隐患。

（2）破坏性。病毒入侵计算机，往往具有极大的破坏性，能够破坏数据信息，甚至造成大面积的计算机瘫痪，对计算机用户造成较大损失。如常见的木马、蠕虫等计算机病毒，可以大范围入侵计算机，为计算机带来安全隐患。

（3）传染性。计算机病毒能够通过 U 盘、网络等途径入侵计算机，然后迅速扩散，感染未感染计算机，在短时间内造成大面积计算机瘫痪及网络瘫痪。

（4）寄生性。计算机病毒需要在宿主中寄生才能生存，计算机病毒通常都是在其他正常程序或数据中寄生，在此基础上利用一定媒介实现传播，在宿主计算机实际运行过程中，一旦达到某种设置条件，计算机病毒就会被激活，随着程序的启动，计算机病毒会对宿主计算机文件进行不断辅助、修改，使其破坏作用得以发挥。

（5）可触发性。因某个事件或数值的出现，诱使病毒实施感染或进行攻击。

（6）攻击主动性。病毒对系统的攻击是主动的，计算机系统无论采取多么严密的保护措施都不可能彻底地排除病毒对系统的攻击，而保护措施充其量是一种预防的手段而已。

（7）针对性。计算机病毒会针对特定的计算机，和特定的操作系统。有专门针对 Windows 系统的病毒，有专门针对 Mac OS、UNIX 操作系统的病毒。

4. 病毒的防护

计算机病毒传播极其容易，为降低病毒带来的危害，时时刻刻要做好病毒防护。

安装最新的杀毒软件，及时升级病毒库，定时对计算机进行病毒查杀，上网时要开启杀毒软件的全部监控。用 Windows Update 功能打全系统补丁，同时，将应用软件升级到最新版本。不要执行从网络下载后未经杀毒处理的软件；很多非法网站带有病毒木马，一旦被用户打开，即会被植入木马或其他病毒；不要随便浏览或登录陌生的网站。移动存储也是计算机进行传播的主要途径，在使用移动存储设备时，尽可能不要共享这些设备。

培养良好的上网习惯，提高信息安全意识，对不明邮件及附件慎重打开，可能带有病毒的网站尽量不要浏览，尽可能使用较为复杂的密码。

5. 计算机病毒及其危害

以下列出常见的几种病毒及其危害：

（1）Creeper 病毒。BBN 技术公司程序员罗伯特·托马斯 (Robert Thomas) 在 1971 年编写了 Creeper，它通过阿帕网 (ARPANET，互联网前身) 传播，显示 "I'm the creeper，catch me if you can! (我是 Creeper，有本事来抓我呀!)"。Creeper 在网络中移动，从一个系统跳到另外一个系统并自我复制，一旦遇到另一个 Creeper，便将其注销。当时 Creeper 还未被称为病毒。

（2）Elk Cloner 病毒。1982 年，里奇·斯克伦塔 (Rich Skrenta) 编写了一个通过软盘传播的病毒，他称之为 "Elk Cloner"。该病毒除在用户的屏幕上显示一首诗外，并无其他危害，曾感染了成千上万的机器，这也是世界上第一个计算机病毒。

（3）CIH 病毒。1998 年我国台湾地区的陈盈豪写出 CIH 病毒，被他的同学不小心带到实验室，进而在校园内扩散，陈盈豪又上传了一个解毒程序供同学使用，才让风波平息。没想到一年后的 4 月 26 日，CIH 在全球爆发，亚洲最严重，韩国、土耳其有超过 30 万台计算机被感染。CIH 病毒不仅会破坏硬盘，甚至会感染计算机的 BIOS(基本输入 / 输出系统)，让这台计算机必须更换 BIOS 模块芯片才行。CIH 病毒成为史上第一个会攻击 BIOS 的病毒，同时也是第一个需要硬件修复的病毒。

（4）梅丽莎病毒。大卫·史密斯 (David L. Smith) 制造了 Melissa 病毒，它是一种宏病毒，作为电子邮件的附件进行传播，梅丽莎病毒邮件的标题通常为 "Here is that document you asked for, don't show anybody else (这是你要的资料，不要让任何人看见)"。一旦收件人打开邮件，病毒就向用户通信录前 50 位好友发送同样的邮件。大量的邮件形成了极大的电子邮件信息流，可能会使企业或其他邮件服务端程序停止运行。1999 年 3 月 26 日爆发，感染了 15%~20% 的商业计算机。

（5）爱虫病毒。梅丽莎病毒爆发一年后，菲律宾出现了一种名字叫 "I love you (爱虫)" 的病毒，他会造成计算机硬盘上的 JPEG、MP3 文件，和某些其他文件都将自动丢失，还会破坏浏览器。爱虫病毒最初也通过邮件传播，标题通常为 "这是一封来自您的暗恋者的表白信"，其实邮件中的附件才是罪魁祸首。与梅丽莎不同的是，这个病毒具有自我复制功能的独立程序；它的破坏性要比 Melissa 强得多。这种蠕虫病毒最初的文件名为 LOVE-LETTER-FOR-YOU.TXT.vbs，扩展名 .vbs 表明黑客是使用 VB 脚本编写的，爱虫病毒造成大约 100 多亿美元的损失。

（6）Klez（求职信）病毒。2001 年，Klez 病毒通过邮件向受害者通信录里的联系人发送同样的邮件，并出现很多变种，携带其他破坏性程序，使计算机瘫痪，有些甚至会强行关闭杀毒软件或者伪装成病毒清除工具。求职信病毒在互联网肆虐数月。

（7）Code Red 病毒。2001 年 D 的红色代码和红色代码 II 属于蠕虫病毒，都利用 Windows 2000 和 Windows NT 中存在的一个操作系统漏洞，即缓存区溢出攻击方式，当运行这两个操作系统的机器接收的数据超过处理范围时，数据会溢出覆盖相邻的存储单元，使其他程序不能正常运行，甚至造成系统崩溃。与其他病毒不同的是，Code Red 并不将病毒信息写入被攻击服务器的硬盘，它只是驻留在被攻击服务器的内存中。病毒让 Windows NT 机器死机，不会产生其他危害；在 Windows 2000 系统中建立后门程序，从而允许远程用户进入并控制计算机，获取信息，甚至用这台计算机进行犯罪活动。

（8）Nimda（尼姆达）病毒。2001 年，尼姆达病毒可以通过邮件等多种方式进行传播，它会在用户的操作系统中建立一个后门程序，使侵入者拥有当前登录账户的权限。尼姆达病毒主要攻击互联网服务器，使得服务器资源都被蠕虫占用，很多网络系统崩溃，尼姆达实质上也是 DDOS 的一种。

（9）灰鸽子。灰鸽子是一款远程控制软件，有时也被视为一种集多种控制方法于一体的木马病毒。用户计算机不幸感染，一举一动就都在黑客的监控之下，窃取账号、密码、照片、重要文件都轻而易举。灰鸽子还可以连续捕获远程计算机屏幕，还能监控被控计算机上的摄像头，自动开机并利用摄像头进行录像。截至 2006 年底，灰鸽子已有 6 万多个变种。

（10）SQL Slammer。也称蓝宝石病毒，是一款 DDOS 恶意程序，透过一种全新的传染途径，采取分布式阻断服务攻击服务器的 1434 端口，并在内存中感染 SQL Server，通过被感染的 SQL Server 再大量的散播阻断服务攻击与感染，造成 SQL Server 无法正常作业或死机，使内部网络拥塞。在补丁和病毒专杀软件出现之前，这种病毒造成 10 亿美元以上的损失。和 Code Red 一样，它只是驻留在被攻击服务器的内存中。

（11）Sasser（振荡波）。2004 年德国的 17 岁 Sven Jaschan 制造了 Sasser 和 NetSky。Sasser 通过微软的系统漏洞攻击计算机。病毒一旦进入计算机，会自动寻找有漏洞的计算机系统，并直接引导这些计算机下载病毒文件并执行，整个传播和发作过程不需要人为干预。病毒会修改用户的操作系统，不强行关机的话便无法正常关机。Netsky 病毒通过邮件和网络进行传播。它同样进行邮件地址欺骗，通过文件附件进行传播，同时进行拒绝式服务攻击(DoS)，以此控制网络流量。

（12）Storm Worm（风暴蠕虫）。2006 年年底，风暴蠕虫病毒被确认。公众之所以称呼这种病毒为风暴蠕虫，是因为携带这种病毒的邮件标题为"风暴袭击欧洲，230 人死亡"。有些风暴蠕虫的变种会把计算机变成"僵尸"或"肉鸡"。一旦计算机受到感染，就很容易受到病毒传播者的操纵。有些黑客利用风暴蠕虫制造僵尸网络，用来在互联网上发送垃圾邮件。许多风暴蠕虫的变种会诱导用户去点击一些新闻或者新闻视频的虚假链接。用户点击链接后，会自动下载蠕虫病毒。

（13）熊猫烧香。熊猫烧香是一种经过多次变种的蠕虫病毒，2006 年 10 月 16 日由 25 岁的李俊编写，2007 年 1 月初肆虐网络。被感染的用户系统中所有 .exe 可执行文件全部被改成熊猫举着三根香的模样。变种病毒使计算机出现蓝屏、频繁重启以及系统硬盘中数据文件被破坏等现象。同时，该病毒的某些变种可以通过局域网进行传播，进而感染局域网内所有计算机系统，最终导致企业局域网瘫痪，无法正常使用，它能感染系统中 exe、com、pif、src、html、asp 等文件，它还能终止大量的反病毒软件进程并且删除扩展名为 .gho 的备份文件。

（14）AV 终结者。AV 即是"反病毒"的英文 (Anti-Virus) 缩写，是一种闪存寄生病毒，主要的传播渠道是成人网站、盗版电影网站、盗版软件下载站、盗版电子书下载站。病毒会禁用所有杀毒软件以及安全辅助工具，让用户计算机失去安全保障，破坏安全模式，致使用户根本无法进入安全模式清除病毒；还会下载大量盗号木马和远程控制木马，病毒运行后会生成扩展名 .da。

（15）CryptoLocker(密锁)。病毒通过伪装电子邮件的形式进行传播，一旦感染，计算机中的所有办公文件、照片、视频等几十种格式的文件将全部被深度加密（AES 加密算法），届时黑客会要求用户在 72 小时之内向其指定账户支付 300 美元作为解锁费用，否则就销毁解锁密钥，导致所有文件永久性无法恢复甚至泄露等严重安全后果，这也是近年来发现的破坏性最严重的高危病毒之一。

（16）Locky（勒索病毒）。Locky 被发现于 2016 年 2 月中旬，两周内迅速在全世界各地传播，并已成为最流行勒索病毒。Locky 主要通过包含 Word 附件的垃圾邮件传播，也会使用 .js 和 .zip 附件感染用户计算机。这些附件包含恶意宏，当用户启用这些文件，提示启用宏。用户一旦启用宏将允许病毒接触远程服务器，下载一个可执行文件，并运行该文件。这个可执行的文件就是 Locky 勒索病毒，它将立即执行加密，使用户计算机上的文件进行加密导致用户无法打开文件。

（17）WannaCry（永恒之蓝）。一种勒索病毒，该恶意软件会扫描计算机上的 TCP 445 端口（Server Message Block/SMB），攻击主机并加密主机上存储的文件，然后要求以比特币的形式支付赎金。2017 年 5 月 12 日，WannaCry 勒索病毒事件造成 99 个国家遭受了攻击。2017 年 5 月 14 日，WannaCry 勒索病毒出现了变种 WannaCry 2.0，取消 Kill Switch 传播速度或更快。截至 2017 年 5 月 15 日，WannaCry 造成至少有 150 个国家受到网络攻击，已经影响到金融、能源、医疗等行业，造成严重的危机管理问题。

（二）个人信息安全

个人信息安全是指公民身份、财产等个人信息的安全状况。随着互联网应用的普及和人们对互联网的依赖，不法分子通过各类软件或者程序来盗取个人信息，并肆意兜售个人信息获利，黑客攻击和大规模的个人信息泄露事件频发，个人信息安全受到极大的威胁。

为此，除了要提高个人信息保护的意识以外，国家也正在积极推进保护个人信息安全的立法进程。2017 年 6 月 1 日，《中华人民共和国网络安全法》正式施行。这是中国首部网络安全法，对保护个人信息是极其重要的。

（三）警惕"校园贷"

近几年有些人在校园里张贴，或通过微信朋友圈、QQ 群等途径发布广告，宣称"只要你是学生，有身份证，就借给你钱""零门槛、无抵押、无利息、一秒到账、先消费后付款"。各种"手机贷""整容贷""培训贷""求职贷""创业贷"等，形式五花八门。

一些不良"校园贷"以"无门槛、零利息、免担保"吸引学生，跟受骗学生签订金额虚高的贷款合同或者"阴阳合同"，还会额外要求打欠条等；然后，把贷款金额转入学生的银行卡制造银行流水，形成与借款合同一致的"证据"，派人陪同学生去银行把钱全部取出，要求学生退一部分金额作为手续费、担保费、服务费等；采用"不接电话、不回信息"等方式拒绝接受学生还款，并且故意拖延，目的就是制造学生违约逾期的情况，以收取高额违约金。一旦学生违约无法偿还贷款和利息，不良校园贷可能还会设计另一个圈套，介绍学生去其他公司贷款来偿还此前的贷款。到这一步，一旦被骗学生无法偿还贷款，不法分子就会通过暴力催收、骚扰学生亲友等各种手段追债。

2016 年 4 月，教育部与银监会联合发布《关于加强校园不良网络借贷风险防范和教育引导工作的通知》，明确要求各高校建立校园不良网络借贷日常监测机制和实时预警机制，同时，建立校园不良网络借贷应对处置机制。

2017 年 9 月 6 日，教育部明确"取缔校园贷款业务，任何网络贷款机构都不允许向在校大学生发放贷款"。

大学时光美好而宝贵，同学们要坚持以学业为重，不要盲从、攀比、炫耀，不要超前消费、过度消费或从众消费，否则一旦资金断流，就容易落入不良校园贷的圈套。

同学们要树立正确的消费观、价值观，提高网贷风险防范意识，培养理性消费习惯，弘扬勤俭节约美德，科学安排生活支出，做到开源节流、量入为出，不给不良校园贷留下可乘之机。

任务实施

（1）通过查阅、浏览相关资料，在网上下载"火绒"安全软件，对计算机进行漏洞修复、系统修复、弹窗拦截、垃圾清理、启动项管理和病毒查杀。

（2）分组讨论你使用过哪些病毒查杀软件，说说每款软件的优缺点。

习题八

一、填空题

1. 信息素养这一概念最早被提出是在_____年。

2. 按依附的媒体类型可以将计算机病毒分为_____、_____、_____。

3. 2017 年 6 月 1 日，_____正式施行。这是中国首部网络安全法，对保护个人信息是极其重要的。

二、简答题

1. 国产内存条有哪些公司和品牌？

2. 国产固态硬盘有哪些公司和品牌？

3. 国产操作系统有哪些？